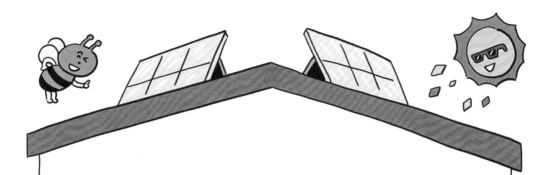

奇妙科學
研究所

1 物質‧生物篇

李淨雅 著　　羅仁完 繪
盧錫九 監製（韓國京仁教育大學）

U0106161

新雅文化事業有限公司
www.sunya.com.hk

歡迎來到
奇妙科學
研究所！

生物

氧氣

凝結

食物鏈

植物的
一生

原生生物

植物的
棲息地

昆蟲的
一生

2

大家好！歡迎大家來到奇妙科學研究所。

這裏是可以將各種科學概念輕鬆注入孩子們腦海中的神奇研究所，各位只需要跟隨首席研究員智醒汪和懵傻喵，一起帶着好奇心來盡情發掘，就可以學習到不同的科學知識了！

現在，我們即將穿上用樹木製造的衣服，親眼見到口腔裏引致蛀牙的細菌，還會進入地球最熾熱的地心探險！現在就讓我們一起出發吧！

「奇妙科學研究所」精明探險指南！

❶ 好奇的提問
智醒汪和懵傻喵的探險就從生活中的好奇心開始，而提出一條科學問題。如你也感到好奇的話，就前往步驟❷吧！

探險的步驟

物質 **為什麼衣服一定要用布做？**

如果我們穿上用木頭做的襯衣，手臂就不能彎曲了；如果穿用鐵做的褲子，也只能坐着無法動彈吧？所以衣服只能用柔軟的布來製造。那麼，可以用柔軟的橡膠嗎？不行，因為橡膠上沒有透氣的孔，長時間穿着這樣的衣服，我們會熱到汗如雨下的！

哪些材料適合做衣服？

用**木頭**可以嗎？
手臂動不了。
硬邦邦　硬邦邦

如果用**鐵**呢？
呀……我走不動啊！
喂喂

用**橡膠**可以嗎？
好熱。
救命啊！

如果用**布**呢？
最合適！

物質就是製造物體的材料□都是靠各種物質組成的！□很有彈性、塑膠重量較輕□就決定了它具有什麼特性。

好軟滑啊。

布（紡織品）

好硬啊。

可以用巧克力□
在法國、韓國等地□典，慶典上還會有巧克□成的衣服很有難度，因□就會馬上融化。而且用□

❷ 解開疑惑
智醒汪和懵傻喵展開科學探險！他們會用實驗、漫畫等不同的有趣方式，來解答你的各種疑惑。你還想知道相關的科學概念嗎？請看步驟❸！

12

❸ 整理概念
這裏會用簡單又易於理解的文字，把與提問相關的科學概念準確地解釋。如果你想深入了解背後的原理，請看步驟❹！

能看見、能摸到的所有東西，它們⋯⋯的特質，例如木頭十分堅硬、橡膠⋯⋯等。所以，物體由什麼物質製成，

種物質

既柔軟又有韌性呢！

皮

❹ 深入了解概念
智醒汪和懵傻喵會努力為你更詳細和深入地解釋這些概念，幫助你更好地理解。

好輕啊！

塑膠

Salon du Chocolat」巧克⋯⋯
⋯⋯部分模特兒都覺得穿上巧克力⋯⋯
⋯⋯，但是只要溫度稍微上升，⋯⋯
⋯⋯非常麻煩，十分花時間。

❺ 延伸知識
這裏會講述更多與本頁科學概念有關的趣味知識。

閱讀小提示！

跟常識科教科書一起閱讀

如果想對照**常識科教科書**一起閱讀，請參考第118頁的教學主題表！你會發現，書中的章節跟常識科各年級的課程都有所聯繫。

科學詞彙索引

如果想重溫書中**重點科學詞彙**，可以翻開第122頁，利用索引查找詞彙出現的頁數。

目錄

第1章 物質

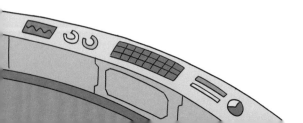

第2章 生物

第1章

物質

你知道文具、玩具、廚房用品等各種我們隨手可得的物品，是用什麼材料製成的嗎？一起來了解一下，各種材料的物質特性和狀態變化吧！

為什麼衣服一定要用布做？

　　如果我們穿上用木頭做的襯衣，手臂就不能彎曲了；如果穿用鐵做的褲子，也只能坐着無法動彈吧？所以衣服只能用柔軟的布來製造。那麼，可以用柔軟的橡膠嗎？不行，因為橡膠上沒有透氣的孔，長時間穿着這樣的衣服，我們會熱到汗如雨下的！

哪些材料適合做衣服？

用**木頭**可以嗎？

硬邦邦　　硬邦邦

手臂動不了。

如果用**鐵**呢？

呀……我走不動啊！

喠喠

用**橡膠**可以嗎？

好熱。

救命啊！

如果用**布**呢？

最合適！

物質就是製造物體的材料。物體指的是我們能看見、能摸到的所有東西，它們都是靠各種物質組成的！每種物質都有各自的特質，例如木頭十分堅硬、橡膠很有彈性、塑膠重量較輕、棉花非常柔軟等等。所以，物體由什麼物質製成，就決定了它具有什麼特性。

可製造衣服的各種物質

好軟滑啊。

布（紡織品）

既柔軟又有韌性呢！

皮

好硬啊。

金屬

好輕啊！

塑膠

🐻 可以用巧克力來做衣服嗎？

在法國、韓國等地方，每年都會舉辦「Salon du Chocolat」巧克力慶典，慶典上還會有巧克力時裝表演。不過，大部分模特兒都覺得穿上巧克力製成的衣服很有難度，因為巧克力雖然香甜誘人，但是只要溫度稍微上升，它們就會馬上融化。而且用巧克力做的衣服，穿着非常麻煩，十分花時間。

軟綿綿的海綿是固體還是液體？

海綿是固體。但是它一點都不堅硬，怎麼會是固體呢？的確，大部分固體都比較堅硬，形狀不會改變，但是也有例外的。你又可能會問：只要用力擠壓，海綿的形狀也可以改變啊？那是因為海綿上面有密密麻麻的氣孔，裏面都被空氣擠滿了，才會令你產生誤會啊。

14

固體是無論放在什麼器皿裏，形狀和體積都不會發生變化的物質。體積是指物體所佔的空間大小。另外，固體是可以被肉眼看見、可以被手拿起的。就像我們常見的塑膠、木頭、石頭那樣，都是固體！

為什麼固體的形狀不會改變呢？

空氣裏漂浮的灰塵也是固體

　　雖然灰塵的體積小到用肉眼很難看見，但其實它們也是固體呢！因為每一粒灰塵顆粒的形狀和大小都是一樣的。另外，橡膠和皮革被用力擠壓時會變彎，放鬆後又會回復原狀，它們也是固體啊！

為什麼有些汽水瓶腰身特別纖細？

難道纖細的瓶身是為了方便用手拿？也許這也是原因之一，但更重要的原因是：為了看起來分量更多。換句話說，腰身纖細的瓶子裏盛載的汽水，分量比正常瓶子裏的少啊！大家用兩個高度一樣的瓶子，來觀察和比較一下吧。

液體這種物質，形狀會隨器皿而改變。例如，我們如把水、牛奶、果汁、油等液體倒進杯子裏，它們就是杯的形狀；倒進鍋裏，就是鍋的形狀。但是，無論你把液體倒進什麼器皿，它的體積都是不變的。

液體的特徵

我們液體粒子比固體粒子更能自由移動！所以我們形狀有更多變化呢。

液體的形狀會跟着器皿改變啊。

按下去

液體就算遭到擠壓，體積基本也不會改變。

「鬼口水」到底是什麼？

　　俗稱「鬼口水」的黏液，又叫「史萊姆」(slime)，它之所以會軟綿綿，形狀又可以隨意變動，是因為它們是以液體包裹着平整鋪排的固體粒子。這兩種不同物質混合在一起的狀態，叫做「凝膠」。牙膏、涼粉和豆腐也是凝膠啊！

空氣也會結冰嗎？

空氣包圍着我們四周，通常都是氣體狀態。但是在溫度降到攝氏零下幾百、幾千度的極端環境裏，空氣也有可能變成液體或固體。例如水蒸氣，溫度降低就會變成水，再降低就會變成冰。

空氣主要由78%的氮和21%的氧組成。如果要令氮和氧凝固，溫度需要降到多少度呢？

空氣的成分

氮78%

氧21%

你又想利用我來做什麼實驗啊？

嘿、嘿

啊！原來空氣遇到低溫會凝結成液體，繼而凝固成固體！氮的凝固點是攝氏零下210度，氧的凝固點是攝氏零下218.8度。所以，如果想讓空氣凝固，需要將溫度降到攝氏零下218.8度啊。可是，這樣下去什麼時候才能把懵傻喵放出來呢？

氣體可以溶於水嗎？

將可樂等汽水（碳酸飲料）快速倒進杯子裏時，它會咕嚕咕嚕地冒氣泡。這些氣泡就是溶在碳酸飲料裏的二氧化碳，可見氣體是可以溶於液體的啊！

氣體是形狀與體積都不固定的物質。例如空氣、水蒸氣、煙等氣體，當處於不同的地方，就會有不同的形狀和體積。

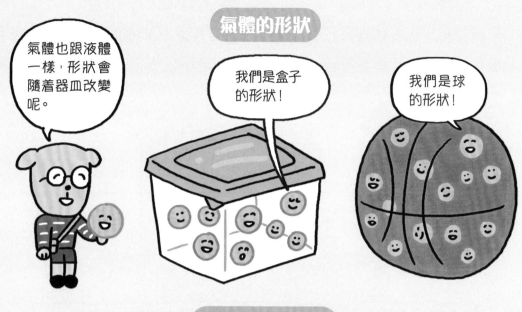

氣體的形狀

氣體也跟液體一樣，形狀會隨着器皿改變呢。

我們是盒子的形狀！

我們是球的形狀！

氣體的體積變化

氣體在承受壓力時，體積會變小。

看來在固體、液體、氣體之中，氣體的粒子最自由呢！

氣體在溫度升高時，體積會變大。

煮麵時，到底先放麵條還是先放湯料，麵才更彈牙呢？

水煮沸後，請先把湯料放進去啊！等待湯水再次沸騰後，再把麵條放下去。這樣做的話，麵會更彈牙呢。因為比起純淨水，放了湯料的湯水沸點更高，而煮麵的水溫度越高，麵就會越彈牙了。

為什麼我煮的麵總是不夠彈牙呢？

如果想麵更彈牙，就要用更高溫度的水來煮麵了！

因為水是純物質，所以沸點是無法再升高的了。

呵呵，將湯料先放進水裏，就可以將沸點提高了！

請先將湯料放進沸水裏，等待水再次沸騰後才把麵條放進去。

這樣……

成功！

純物質指的是水、鹽、酒精等沒有跟其他物質混合的單純物質。由於它們只由單一物質（分子）組成，所以只擁有單一的性質。

水的獨特性質

總是在0℃凝固成冰。

總是在100℃沸騰。

冰點

沸點

👨‍🍳 鑽石和石墨竟然是由同一種物質組成的！

世界上最堅硬的鑽石，和可以用作鉛筆來寫字的石墨，竟然都是由叫做「碳」的元素製成的！碳是動植物和礦物等普遍含有的元素，碳的不同結構，會組成不同硬度的物質如鑽石、石墨等。

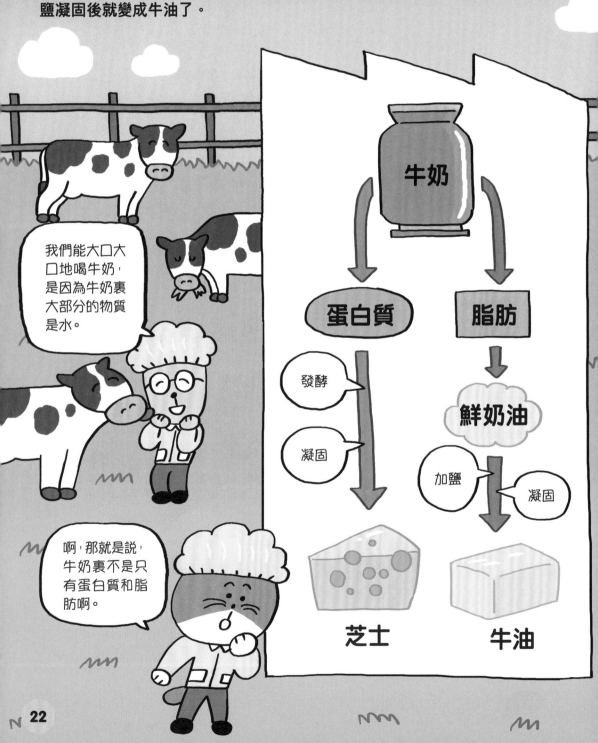

為什麼可以用牛奶製造芝士和牛油？

那是因為牛奶裏既有蛋白質，又有脂肪。蛋白質在過濾和發酵後，會凝固變成芝士；脂肪過濾後形成鮮奶油（俗稱忌廉），再加鹽凝固後就變成牛油了。

我們能大口大口地喝牛奶，是因為牛奶裏大部分的物質是水。

啊，那就是説，牛奶裏不是只有蛋白質和脂肪啊。

牛奶

蛋白質

脂肪

發酵

凝固

鮮奶油

加鹽

凝固

芝士

牛油

混合物是指像牛奶一樣，由兩種以上物質混合而成的物質。組成混合物的各種物質，本來性質不會被改變。以鹽水為例，它跟鹽一樣鹹，也跟水一樣是液態，正是同時具備鹽和水的性質。

各種混合物

水和湯料混合而成的拉麵湯底。

水和大豆蛋白混合而成的豆漿。

混入了芝麻的豆子。

把鹽溶解在水裏，成為鹽水。

將混合物分離的方法

　　混合物的組成物質各自保留了原本的特徵，因此把它們分離是非常容易的。當豆子和芝麻混在一起時，只要用比芝麻大，比豆子小的篩子搖晃，就可以輕鬆將豆子分離出來；利用水沸騰後會變成水蒸氣的特性，只要將鹽水煮沸，也可以將鹽從水中分離出來。

為什麼乾冰會冒煙？

　　這是因為乾冰冷卻空氣中的水蒸氣，所以形成了這些煙霧。乾冰是「氣體」二氧化碳被冷卻至-78.5℃後，凝固而成的「固體」。固體二氧化碳在常溫下，會慢慢變回氣體，在此過程中它會令周圍的水蒸氣凝結成液態的小水點。這些小水點集結在一起後，看起來就像白色的煙霧。注意！乾冰的溫度比冰塊還要低得多，如果直接用手觸碰的話，會被凍傷啊！

物質的狀態變化，是指固體變成液體、液體變成氣體、固體變成氣體等情況。物質不是只有一種狀態的，它會隨着溫度和壓力而變化。例如，水在攝氏零度以下，會凝固成固態的冰；受熱時就會蒸發成氣態的水蒸氣。我們一起來認識各種狀態變化的過程吧！

氣化

液體變成氣體。氣化現象通常由**蒸發**和**沸騰**形成。

(請參考第28-29頁)

液化

氣體變成液體。水蒸氣**凝結**成水的過程，也是現象的一種。

(請參考第30-31頁)

凝固

如水結成冰一樣，由液體變成固體的過程。

熔化

如冰融解成水一樣，由固體變成液體的過程。

昇華

固體直接變成氣體，不經過液體狀態的現象。

原來乾冰冒煙就是「昇華」的現象啊！

對了！

🐶 果汁可以瞬間冷卻成冰沙？

將液態氮注入果汁中，並用匙羹快速攪拌的話，果汁就會變成像冰沙一樣的凝露狀態。液態氮是將氮氣冷卻至攝氏零下196度後形成的，它可以將果汁瞬間冷卻成固體。

滾燙的熱茶為什麼會自己變少？

如果將熱茶放置數小時後，你會發現水量減少了，那是由蒸發現象造成的。茶水蒸發成水蒸氣後，隨着空氣飄向空中，所以茶水會漸漸減少。蒸發現象在高溫環境下更容易發生，所以熱茶的蒸發現象會更明顯。而且，蒸發現象還會令熱茶變涼，因為茶水蒸發成水蒸氣的期間，熱量會向周圍散失。

小實驗！大家來尋找消失的茶水！

1 先將紙皮放進冰箱冷藏數小時。

2 將熱水倒入茶杯中。

3 把紙皮從冰箱裏拿出來，蓋在茶杯上。

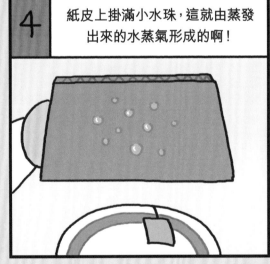

4 紙皮上掛滿小水珠，這就由蒸發出來的水蒸氣形成的啊！

蒸發指液體轉換成氣體的現象，通常在液體的表面出現。氣溫越高，環境越乾燥，水就蒸發得越快。就像在陽光充足的日子，晾曬衣物會比濕冷日子乾得更快。另外，沾濕的物件與空氣的接觸面越闊，蒸發也越快。

生活中的蒸發現象

海水蒸發後，餘下的物質可以製成鹽！

洗過的衣服全部都晾乾啦！

下雨後轉晴，濕透的地面漸漸變乾。

濕了的頭髮也漸漸變乾了呢！

酒精的蒸發速度真的很快呀！

將消毒酒精塗在皮膚上時，你有什麼感覺呢？覺得很涼嗎？那都是因為蒸發過程中，熱量會被吸走。因為酒精的蒸發速度比水要快得多，所以酒精在皮膚上蒸發時，比水在皮膚上蒸發，感覺要涼快得多。

燒水的時候，水為什麼會發出咕嚕咕嚕的聲音呢？

咕嚕咕嚕的聲音，是由氣泡發出的。氣泡是混入了在液體中的氣體，膨脹成泡沫一樣。燒水時，隨着溫度不斷升高，氣泡的數量會變多，體積會變大。然後，當氣泡升上水面並爆破時，就會發出咕嚕咕嚕的聲音。當大量氣泡一下子全部爆破，聲音就會更大。

水裏面和水上面都有氣泡在咕嚕咕嚕嗎？

咕嚕咕嚕的聲音是由氣泡上升至水面的時候發出的！

沸騰是液體轉換成氣態的現象。那跟蒸發一樣嗎？它們是完全不一樣的啊。沸騰與蒸發不一樣，它不僅發生在液體表面，也會發生在液體裏面。還有⋯⋯

蒸發與沸騰的比較

沸騰是肉眼可見的。

沸騰

氣泡咕嚕咕嚕地升上來了。沸騰需要不斷加熱才能發生，而且水量減少得非常快！

蒸發用肉眼很難看見。

蒸發

這期間不會有氣泡產生。就算不刻意加熱，只是靜置在那裏，蒸發也在發生，水量會靜悄悄一點一點地減少的。

用壓力鍋煮的飯為什麼更好吃？

因為它是用更高的溫度，讓米飯在更短時間內被煮熟的。本來水滾時，就會產生水蒸氣，但是壓力鍋將水蒸氣牢牢鎖在煲裏無法排出，這會讓煲裏的壓力不斷變大。這樣，煮飯的水溫也會明顯增高，米飯就會熟得更快。

聽說非洲人是用網來打水的？

準確來說，應該是用網來收集水才對。那是一種用網製造的裝置，形狀像巨大的花瓶，名叫「瓦爾卡水塔」（Warka Water Tower）！因為非洲難以獲取純淨的飲用水，所以這裝置是特別為他們製造的。清晨時，草葉上一般會掛着露珠。瓦爾卡水塔就是採用這個原理，利用密密麻麻的網來收集露珠，再將露珠一滴一滴地匯聚成飲用水。

瓦爾卡水塔是怎麼收集水的呢？

晚上溫度降低時，空氣中的水蒸氣會變成水珠，並掛在網上。

掛在網上的水珠會滴到下面的水桶中。這樣就可以收集到乾淨的水了。

發明這裝置的是意大利建築家阿圖羅·維托里 (Arturio Vittori)。

水蒸氣是怎樣凝結成水的呢？

當周圍溫度降低時，水蒸氣就會凝結成水。用玻璃杯盛載冰水時，空氣中的水蒸氣碰到冰冷的杯身，也會在杯上凝結成水珠。

好涼快啊！但是杯子怎麼總是流水呢？難道它也會出汗？

不是流汗，是水蒸氣變成水了！這個現象叫做「凝結」。

凝結是在低溫環境中，氣體轉化為液體的現象。雲和露水也是由水蒸氣凝結而成的。空氣中的水蒸氣一定要夠多，才會令凝結現象較容易發生。

妙用凝結現象的沙漠甲殼蟲

在嚴重缺水的非洲沙漠，有一種沐霧甲蟲是靠引用露水維持生命的。牠怎麼獲取露水？因為牠的背上有很多深深淺淺的坑，所以一到晚上，空氣中的水蒸氣遇冷就會凝成水珠，掛在牠背上。然後，甲蟲只要朝着風吹來的方向，將屁股挺起，就可以喝到流下來的露珠。

蠟筆和顏料為什麼不能混合呢？

有些顏料可以跟蠟筆混合，但是用水調開的水性顏料，就不能跟蠟筆混合了。因為蠟筆是油溶性的，跟水溶性顏料會相互排斥。水溶性顏料還可以跟果汁、可樂等，與水性質相近的液體混合；但是蠟筆卻不能跟食用油、蘇籽油等，與油性質相近的液體混合。

溶解是一種物質與另一種溶劑互相混合的現象。想讓溶解發生，那兩種物質一定要毫無排斥，完全均勻溶合。就像砂糖或鹽，可以在水裏溶解一樣。

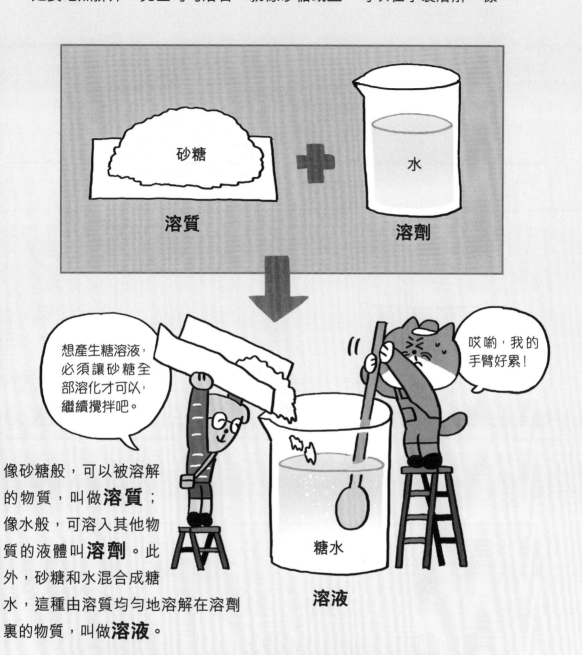

想產生糖溶液，必須讓砂糖全部溶化才可以，繼續攪拌吧。

哎喲，我的手臂好累！

砂糖

溶質

水

溶劑

糖水

溶液

像砂糖般，可以被溶解的物質，叫做**溶質**；像水般，可溶入其他物質的液體叫**溶劑**。此外，砂糖和水混合成糖水，這種由溶質均勻地溶解在溶劑裏的物質，叫做**溶液**。

肥皂強力去污的秘訣是什麼？

因為肥皂是一種既能溶於水，又能溶於油的特殊物質！肥皂同時擁有兩種性質，所以既能把含有油分的污漬去掉，又能被水沖洗乾淨。

把雞蛋放到食用醋裏，蛋殼會消失？

食用醋是強酸性物質，所以如果把雞蛋長時間放置在食用醋裏，蛋殼就會被溶化！因為蛋殼裏的物質「碳酸鈣」能被酸性物質溶解。不僅食用醋，其他酸性溶液例如可樂，也可以把蛋殼溶化掉。

小實驗！製造雞蛋彈彈球

1. 將生雞蛋放在透明水杯中，再往杯裏倒滿食用醋。

2. 把它蓋上杯蓋，放進雪櫃冷藏24小時。

3. 用匙羹將雞蛋小心地撈出，再往杯裏添加新的食用醋。

4. 再次蓋上杯蓋，重新放入雪櫃冷藏24小時。

5. 蛋殼不見了！而且，雞蛋變得跟彈彈球一樣！

彈

注意！請不要用力擠壓雞蛋彈彈球啊。因為它的皮非常薄，很容易爆開！

酸是一種帶有酸味的物質。食用醋、檸檬等帶有酸味，都是因為裏面含有酸，並具有「酸性」，所以食用醋和檸檬都被歸類為酸性物質。酸性的強度可以用pH值（酸鹼值）來判斷。pH值由0至14的數值組成。

[切勿用嘴巴來嘗試化學品的酸味和測試酸性啊！]

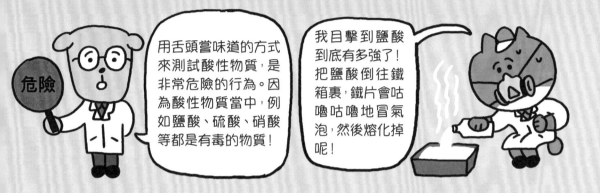

危險

用舌頭嘗味道的方式來測試酸性物質，是非常危險的行為。因為酸性物質當中，例如鹽酸、硫酸、硝酸等都是有毒的物質！

我目擊到鹽酸到底有多強了！把鹽酸倒往鐵箱裏，鐵片會咕嚕咕嚕地冒氣泡，然後熔化掉呢！

各種物質的pH值

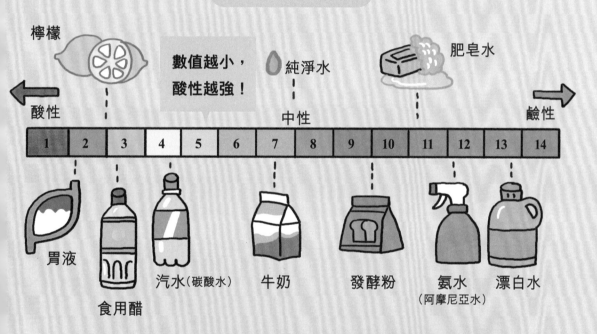

檸檬

數值越小，酸性越強！

純淨水

肥皂水

← 酸性

中性

鹼性 →

| 1 | 2 | 3 | 4 | 5 | 6 | 7 | 8 | 9 | 10 | 11 | 12 | 13 | 14 |

胃液　　食用醋　　汽水（碳酸水）　　牛奶　　發酵粉　　氨水（阿摩尼亞水）　　漂白水

我們被酸雨淋濕後，會變光頭？

　　酸雨是混合了天空中汽車廢氣等污染物後，呈酸性的雨水。雖然坊間有「被酸雨淋濕後會變光頭」的說法，但是如果我們只被淋濕幾次，是不會馬上變光頭的。但比起這個，酸雨會引起其他更嚴重的問題，例如會腐蝕汽車或建築物，或者給農作物和動物帶來傷害等。

為什麼用肥皂洗頭，頭髮會變得硬邦邦？

　　用肥皂洗頭，肥皂在去除油污的同時，連頭髮的潤澤也會帶走。然而頭髮是需要有點油分，才會顯得柔順有光澤的！所以有人說，我們在沖水時，只要稍微加上食用醋在水裏，頭髮就沒那麼容易變硬了。因為食用醋的酸性可以中和肥皂的鹼性。

聽說用肥皂洗頭比用洗髮水更環保啊！

懵傻喵，用肥皂洗頭的感覺如何呢？

哎呀！毛髮好硬啊。梳子都梳不進去呢！

只要在沖洗頭髮的水裏加幾滴食用醋，就可以解決啦！

哦？好神奇啊，頭髮真的變柔軟了！

這都是酸和鹼的性質原理而已。食用醋可以中和肥皂的鹼性。

鹼是帶有苦味、表面滑溜的物質。呈鹼性的物質有肥皂、清潔劑等。鹼性的強度也可以用pH值來表示。pH值7為中性，數值越大，鹼性強度越強。

[切勿用嘴巴來嘗試化學品的苦味和測試鹼性啊！]

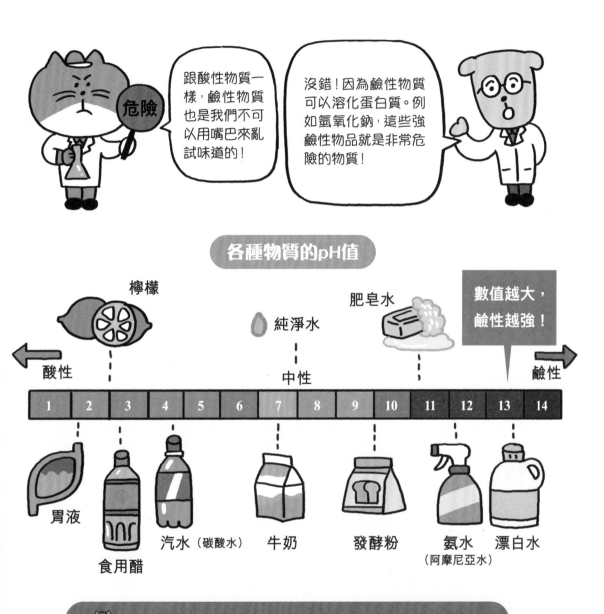

跟酸性物質一樣，鹼性物質也是我們不可以用嘴巴來亂試味道的！

危險

沒錯！因為鹼性物質可以溶化蛋白質。例如氫氧化鈉，這些強鹼性物品就是非常危險的物質！

各種物質的pH值

檸檬

純淨水

肥皂水

數值越大，鹼性越強！

酸性　　　　　　　　　中性　　　　　　　　　鹼性

1	2	3	4	5	6	7	8	9	10	11	12	13	14

胃液

食用醋

汽水（碳酸水）

牛奶

發酵粉

氨水（阿摩尼亞水）

漂白水

用酸鹼性來去除腥味吧！

　　如果你覺得海鮮的腥味太重，可以試試灑一點檸檬汁！因為有腥味的物質都是呈鹼性的，混入呈酸性的檸檬汁，就可以改變它的性質和味道。酸和鹼的物質適當地混合，就會發生「中和」反應。中和後得出的物質，既不是酸性，也不是鹼性，而是偏向中性的物質。

咖喱竟然可以用來分辨水、汽水和肥皂水？

試試把黃色的咖喱粉與乙醇（俗稱酒精）混合，再將溶液分別倒入水、汽水和肥皂水吧！水和汽水會呈正常的黃色，但是肥皂水卻會變紅！咖喱可以區分出水、汽水和肥皂水，原因是咖喱粉裏的薑黃與其他溶液相遇時，會根據溶液的性質而變色。〔切勿用嘴巴來嘗試啊！〕

我們今天晚上煮咖喱好嗎？

等等！

將咖喱粉與酒精混合，然後倒入這三種溶液中試試看吧？

為什麼？

水　汽水　肥皂水

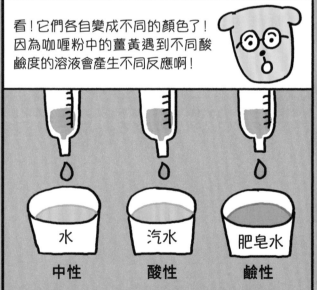

看！它們各自變成不同的顏色了！因為咖喱粉中的薑黃遇到不同酸鹼度的溶液會產生不同反應啊！

水　汽水　肥皂水

中性　酸性　鹼性

雖然好神奇，但是我的咖喱不能吃了……

快逃走！

無法用眼區分溶液怎麼辦？用試劑吧！

你想怎樣道歉？

當沒事發生

對了，試劑或試紙可以區分不同的溶液呢！

如果紅色試紙變成藍色，這就是鹼性溶液；如果藍色試紙變成紅色的話，這就是酸性溶液了！

石蕊試紙

用紫椰菜汁做的**紫椰菜試劑**

紫椰菜也能做試劑？唔……

不要懷疑，是真的！將紫椰菜試劑倒在酸性溶液裏，它會變紅色；倒在鹼性溶液裏會變藍色！另外，葡萄皮也可以用來製作試劑啊。

試劑可以用來區分難以用肉眼分辨的液體性質，因為試劑與液體遇上時，會根據液體的酸鹼度而變色。所以當我們要區分透明的肥皂水和汽水時，即使表面看起來很像，但只要使用試劑，就算不聞氣味、不嘗味道也能輕易分辨出來。

案發現場也可以用試劑來搜證！

在偵探電影或動畫裏，經常會出現探員搜證的情節，要在案發現場噴灑「魯米諾」溶液（Luminol），魯米諾就是碰到血後會變成熒光藍色的試劑。其實試劑種類很多，有些可以辨別物質的酸鹼度，還有些像魯米諾般，可以確認特定的物質。魯米諾對血液十分敏感，無論現場清洗得多乾淨，它都可以把血跡顯現出來！

O₂ 氧氣

用久了的門鎖為什麼會變成紅色呢？

那是因為門鎖中有鐵的成分，與空氣中的氧氣混合而導致的。不僅門鎖，像鑰匙、鐵絲、釘子等鐵製品，在空氣中或水裏放置久了，也會跟氧氣混合而變紅，這是因為空氣和水中都含有氧氣。這種鐵遇到氧氣後變色的現象，叫做「生鏽」。那麼，如果不想鐵器這麼快生鏽，應該怎麼做呢？

塗了食用油的鑰匙　　用砂紙擦過的鑰匙

──一星期後⋯⋯──

塗了食用油的鑰匙　　用砂紙擦過的鑰匙

因為在鑰匙上塗上食用油或油漆後，可以隔絕鐵表面與空氣或水的接觸，令鑰匙不容易生鏽。如果用砂紙擦拭鑰匙，則會破壞鑰匙表面的塗層，反而會令它更容易生鏽！

氧氣是動物和植物呼吸時必須的氣體。它無顏色、無味道、無氣味。氧氣可以與別的物質混合，發生「氧化」反應，形成新的物質。

氧氣與物質混合後會怎樣？

將蘋果切開，放置在空氣中，蘋果肉發生氧化，會變成啡色。

把暖手貼搖晃，袋子裏的鐵粉會被氧化然後發熱。

煙花筒裏的火藥，點燃和爆破時同時被氧化，所以形成了五顏六色的煙花。

血液之所以是紅色，也是因為鐵被氧化！

人類血液之所以是紅色，是因為血液裏有呈紅色的紅血球。紅血球負責給全身輸送氧氣，而紅血球中的血紅蛋白含鐵，鐵與氧氣混合就會令紅血球呈紅色了。

用嘴吹脹的氣球為什麼飄不起來呢？

因為我們呼吸時，呼出的氣體比空氣的質量更重。空氣的成分大部分是氮和氧，而人體呼出的氣體中，二氧化碳的含量比空氣中的二氧化碳含量多得多。二氧化碳比氮和氧較重，所以空氣只會下沉。按這原理的相反情況，如果我們在氣球中注入氦，因為氦的質量比空氣輕，氣球就會飛上高空了。

用嘴吹脹的氣球

氦氣氣球

二氧化碳是紙張、木頭、肉類等燃燒時會釋放出來的氣體。人類和動物呼吸時，也會釋放二氧化碳。還有，如果將稀鹽酸倒入大理石、雞蛋殼、粉筆、貝殼等物質時，也會咕嚕咕嚕地出現泡沫，產生二氧化碳。

二氧化碳的用處

植物進行光合作用時，會吸收二氧化碳並釋放氧氣

燃燒時是不需要二氧化碳的，因此它反而可以用來救火。

二氧化碳會讓地球變暖！

　　最近經常在新聞上看到地球因暖化而產生氣候危機，很多科學家認為二氧化碳是導致地球氣溫上升的原因。二氧化碳是在煤炭或石油等化石燃料燃燒時產生的，如果我們繼續不斷增加燃料的使用量，地球就會像一個關上了的溫室一樣，變得越來越熱。

砰！汽車開動是由爆炸造成的？

對！汽車的引擎是在我們看不見的情況下發生了爆炸，才能產生動力令汽車前進。而且這些輕微爆炸是在一分鐘內足足發生了數千次，這是引擎裏的燃料與空氣中的氧氣接觸後產生燃燒而造成的。

汽車引擎啟動的原理

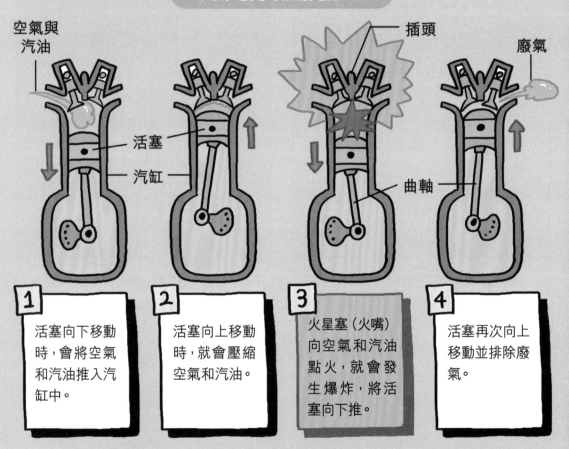

空氣與汽油　　　　　　　　插頭　　　　　　廢氣

活塞

汽缸

曲軸

1 活塞向下移動時，會將空氣和汽油推入汽缸中。

2 活塞向上移動時，就會壓縮空氣和汽油。

3 火星塞（火嘴）向空氣和汽油點火，就會發生爆炸，將活塞向下推。

4 活塞再次向上移動並排除廢氣。

像這樣，活塞不斷上下移動，曲軸也會跟着移動，驅使汽車的車輪轉動起來。

燃燒是物質與氧氣相遇後，被點燃並發出光和熱的現象。例如煤氣爐點火，郊外篝火、蠟燭火光等。大部分物質燃燒時會產生水蒸氣（氣態的水）和二氧化碳，同時也會讓物質的體積和含量減少，形成新的物質。例如，草燃燒後，草量會減少，而生成水和二氧化碳。

燃燒的三個條件

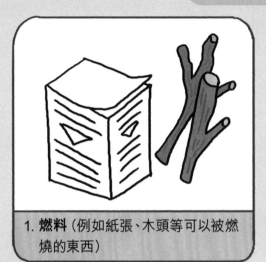

1. **燃料**（例如紙張、木頭等可以被燃燒的東西）

2. **氧氣**

木頭： 400 – 470℃	橡膠： 350℃	木炭： 320 – 400℃	炭精： 440 – 500℃

3. **熱能**（足以令燃料達到燃點以上，燃點指各種物質開始燃燒的溫度）

這三個條件中，若缺少任何一個，燃燒都不能發生。

五彩繽紛的煙花就是燃燒反應！

煙花筒裏放置了原材料，含有火藥和金屬物質。將煙花筒點燃並射向空中，火藥與金屬一起被燃燒，就會綻放成煙花。在筒內放入不同的金屬，煙花就會呈現不同的顏色，例如：鍶呈現紅色，鈉是黃色，鈣是橙色，銅是藍色。

滅火

怎樣可以用手將蠟燭熄滅？

只要迅速捉住燭火中心的燭芯，就可以令火光熄滅。雖然捉住燭芯聽起來會十分燙手，但事實並非如此。因為熱空氣比冷空氣飄得更高，處於火下面的燭芯是不會很燙的。不過，用火來做實驗是很危險的，絕對要有家長陪同，這步驟也要由家長代做，以免捉燭芯時燒傷手！

熱空氣的
流向

外焰
溫度最高的部分

內焰
最亮的部分

隔絕空氣也可以滅火嘛，我現在知道了

用手捉住燭芯，融化成液體的蠟就不能攀着燭芯上升；因為燃料沒有了，所以火就會熄滅。

滅火就是令火熄滅的過程，只要將燃燒三大條件中的其中一個去掉，就可以滅火。但各位切記，千萬不要玩火或嘗試滅火。此外，發生火警時一定要通知大人，並打999求助啊！

滅火的各種方法

去掉燃料（燃燒的物質）。

隔絕燃料與周圍空氣（氧氣）的接觸。

將溫度降低到燃點以下。

有時候水也滅不了火？

物件着火時，灑水的確可以將溫度降低到燃點以下，也能隔絕氧氣。但是，如果火警是由油引致，因為油與水不能混合，灑水後會不斷蒸發，反而讓火勢變大！另外，家用電器起火時，灑水後更會帶來觸電的危險。這些情況下千萬不能用水滅火，應該改用滅火筒！

第2章

生物

一起來觀察動物、植物和其他各種生物，
了解這些生物是怎樣共同生存的吧！

世界上第一個誕生的生物是什麼？

地球上最初誕生的生物是一種植物性浮游生物，名叫藍綠藻（藍綠菌）。
科學家透過藍綠藻的化石推測，它們誕生於35億年前！

1

在很久以前的原始地球上，大氣中幾乎沒有氧氣，而是充滿了二氧化碳。

2

但是藍綠藻就像植物一樣，會進行光合作用，吸收二氧化碳、釋放氧氣。在這過程中，它們讓大氣中的二氧化碳減少，氧氣反而越來越豐富。

3

此後，地球就成為了適宜生物居住的地方。經過漫長歲月的進化，誕生出各種各樣的動物和植物。

生物是指活着的物質。生物能呼吸、能進食、能繁殖幼崽或種子來延續後代。

所有生物都擁有生命，生命就是生物去生存、呼吸和活動的力量。

與此相反，**非生物**是沒有生命、不能呼吸、不能繁衍後代的物質。

病毒是生物還是非生物？

　　病毒不能像動物、植物一樣能自主呼吸、不能進食和消化，也不能繁殖後代。因此，它們只能在生物的體內「寄生」，利用宿主的細胞來自我複製並向外排出。它們既不是生物，也不是非生物，屬於一種中間狀態。

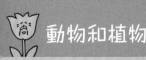

動物和植物都有生物節奏嗎？

　　大部分人都是早上起床的。我們的身體有一個看不見的時鐘，它以一天為周期固定我們的生理時鐘，這就是「生物節奏」。其實動物和植物都是有生物節奏的，當春天來臨，冬眠中的動物就會蘇醒過來，而光禿禿的樹枝也會適時長出新芽，就像約定好一樣；像這樣，在地球上生存的所有生物都遵循着地球的節奏生活，這當中的秘密就是「陽光」和「溫度」了。

植物和動物是怎樣知道春天來了，然後醒過來的呢？

因為春天來了，太陽能量更為充足！動物和植物的身體都有節奏，能感應陽光。

天氣變暖了。不知道為什麼，我的身體就會自然醒過來啊！

陽光變得更猛烈，是時候開花了！

動物這種生物，是從其他生物身上獲取養分來生存的，獅子、魚、蛇和小鳥等都是動物。**植物**這種生物，則利用陽光、二氧化碳來自製養分，並製造氧氣，樹木和草等都是植物。

動物和植物的相同之處

動物和植物都是活生生的生物！

動物和植物的分別

動物可以自由地活動或飛翔。

植物無法靠自己移動到別的地方。

動物不能自製養分，所以只能吃植物或者其他動物來維持生命。

植物靠葉子接收陽光，通過光合作用製造養分，所以能自製食物。

有沒有動物可以像植物一樣進行光合作用呢？

有！研究指出，真的有動物可以進行光合作用。根據2018年美國羅格斯大學研究組的研究結果，主要生活在北美洲東海岸的海蛞蝓可以進行光合作用。這種動物會發出綠色熒光，有可能是因為牠們從海藻類身上轉移了可以進行光合作用的細胞，所以能依靠光合作用，連續6至8個月不進食也能生存。

小狗一歲就能生孩子？

出生 1 年的小狗，就已經是可以生孩子的「成年」了，因為狗的 1 歲跟人類的 1 歲完全不同。美國獸醫學會認為，中型犬的 1 歲，相當於人類的 15 歲；2 歲等於人的 24 歲。狗與人年歲增長不一樣的原因是：細胞老化速度不一樣。狗的體型不同，年歲增長速度也會有一定的差異。

狗的一生

剛出生的小狗，眼睛還沒睜開，耳朵也是封閉的。

2－3周：眼睛睜開了，耳朵也打開了。現在的牠看得見，也聽得到了。

6－8周：牙齒全都長齊，可以咀嚼食物了。

9－12個月：已經長大，變成成年犬，也可以交配了。

1－6歲：體力最好的時候。

7－9歲：身體機能開始變差。

10－16歲：壽命已到盡頭，即將離世。

動物的一生是指動物從出生、成長、繁殖子孫，到離世的過程。不同動物，一生的過程都不一樣。有些動物如貓、狗，會用胎生來繁殖；也有動物像鴨子、青蛙，是會生蛋的。牠們的壽命也各不相同，兔子可以活約 7 年，有的動物可能只活幾天，甚至 1 天！

用**胎生**來
繁殖的動物：貓，狗

用**卵生**來
繁殖的動物：鴨，魚

成長過程中，模樣不斷改變的動物：青蛙、雞

烏龜長壽的秘訣是動作慢！

　　烏龜是有200年壽命的長壽動物，據說在中國還發現過足足活了500年的烏龜！烏龜長壽的秘訣是牠們的動作比其他動物慢，這樣牠們消耗的能量不但較少，老化速度也會變慢。另外，還因為烏龜比其他動物不容易患上癌症，免疫力也更強。

竟然有既非雄性也非雌性的動物？

描述動物的性別時，生育孩子的一方被稱為雌性，不會生育孩子的一方被稱為雄性；人類的雌性就叫女性，雄性被稱為男性。但是有些動物，一個軀體裏同時擁有雌性和雄性的生殖器，是沒有性別的！這種動物被稱為「雌雄同體」或「兩性體」，當中最常見的是蝸牛。

雌性
生殖器

雄性
生殖器

蝸牛同時擁有雌性和雄性的生殖器呢！

那牠怎麼生孩子啊？

我也會跟其他蝸牛交配的！我們雙方可互相交換精子，雙方也可以生蛋。

像蝸牛一樣雌雄同體的動物，如蚯蚓、蠔、渦蟲等也是會交配的。因為要盡量避免同一軀體裏的卵子和精子受精，不過渦蟲有時候也會不通過交配，自體繁殖生蛋。

動物有雌性也有雄性，合寫起來就是**雌雄**。有些動物的雌雄很容易區分，但有些卻很難區分。

區分雌雄很簡單的動物！

雌性獅子頭部周圍沒有鬃毛，雄性獅子有濃密的鬃毛。

雄性鴛鴦比雌性鴛鴦的顏色更華麗。

區分雌雄很困難的動物！

青蛙從外表上，很難區分雌雄。但是仔細觀察會發現，只有雄性青蛙的下巴有鳴囊！

松鼠也很難分辨雌雄吧？其實這個要看牠們的生殖器，因為雄性的生殖器是凸出來的。

🐶 Nemo 可以是雄性，也可以變成雌性啊！

因動畫片主角「Nemo」（Mo仔）而出名的小丑魚，牠可以在成長過程中改變性別。在小丑魚的族羣裏，體型較大的雌性是首領，但是當這個首領去世了，雄性中體型最大的一位就會變性為雌性，並成為新的首領！

生活在最熱地方的動物是什麼？

答案是生活在太平洋深海中央最熱水域的龐貝蟲。那裏的海水溫度高達可沸騰的100℃！所以這裏除了龐貝蟲之外，沒有任何動植物可以生存。多得如此，龐貝蟲在這裏可以避開所有天敵，自由無憂地生活。

龐貝蟲是如何在這麼高溫的地方生存的呢？

水這麼熱，你還好嗎？

別擔心，沒問題，因為我有穩妥的保護膜！我全身都包裹着茸毛，茸毛之間有許多細菌生活。這些細菌會分泌一種特殊物質，為我們隔熱。

在這裏有一些「熱水噴出口」，會噴出超過300℃、像溫泉一樣的熱水。被噴出來的熱水與周圍的冷海水混合，所以水溫才稍微降低到100℃左右。而龐貝蟲就是生活在這裏。

熱

熱

熱

動物的棲息地非常多樣，可以是陸地、天空、深海和地底，可以是沙漠那麼熱的地方，也可以是北極那麼冷的地帶。奇妙的是，根據生活環境不同，動物的特徵也會不同。例如生活在炎熱地帶的沙漠狐狸，為了散熱，耳朵長得特別長和大；而生活在寒冷地方的北極狐狸，為了保存熱量，耳朵和嘴巴都長得又小又短。

生活在不同棲息地的動物
有不同模樣！

牛和馬生活在陸地，我們長有可以走路和奔跑的腿。

鳥類在天空中飛翔，我們身體輕盈，還有翅膀。

魚生活在水裏，我有魚鰭，可以游泳和潛行。

鼴鼠生活在地底，我為了方便挖地，指甲長得特別鋒利。

為什麼變色龍的身體需要變色呢？

當然是為了保護自己，並增加獵食的成功率！動物身體如果可以跟周圍環境相近，就更容易隱藏自己，不被天敵和獵物發現。這種身體變色特性被稱為「保護色」，除了變色龍外，青蛙、蟾蜍、墨魚、草蜢和毛蟲等動物都擁有保護色啊！

蜻蜓為什麼都在水裏產卵呢？

蜻蜓喜歡在農田、濕地或池塘等水中產卵，原因是蜻蜓的幼蟲只能在水中存活。如果蜻蜓幼蟲在乾燥地方出生，沒有水根本無法生存。

蜻蜓的一生

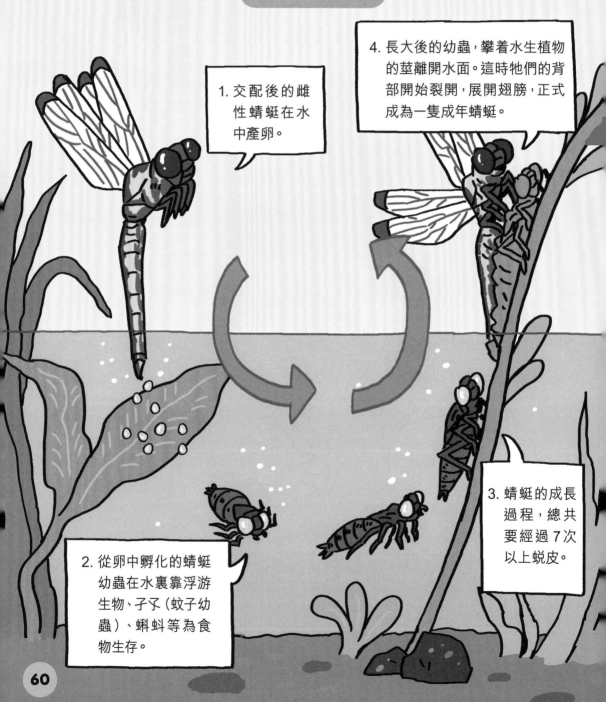

4. 長大後的幼蟲，攀着水生植物的莖離開水面。這時牠們的背部開始裂開，展開翅膀，正式成為一隻成年蜻蜓。

1. 交配後的雌性蜻蜓在水中產卵。

3. 蜻蜓的成長過程，總共要經過 7 次以上蛻皮。

2. 從卵中孵化的蜻蜓幼蟲在水裏靠浮游生物、孑孓（蚊子幼蟲）、蝌蚪等為食物生存。

昆蟲的一生是指昆蟲從破卵而出、成長、繁殖至離世的過程。有的昆蟲，一生中會經歷好幾次模樣改變。這個過程被稱為「變態」。

昆蟲的變態

以蝴蝶的情況為例，幼蟲首先會變成蛹，再變成成年蝴蝶（成蟲），這稱為**完全變態**。這樣的昆蟲還有蒼蠅、土鱉、鍬形蟲等。

啊，蝴蝶成長出來了！

卵　幼蟲　蛹　成蟲

草蜢沒有結蛹的時期嗎？

以草蜢的情況為例，幼蟲不會變成蛹，直接成長為成蟲的模樣，叫做**不完全變態**。這樣的昆蟲有蜻蜓、螳螂等。

卵　幼蟲　成蟲

「蠶蛹」竟然是街頭美食？

蠶蛹可以作為中藥的材料，韓國的夜市裏甚至會當作食物售賣。其實，蠶的幼蟲準備變成成蟲前，嘴裏會吐出幼細的絲，把自己的身軀牢牢包裹，成為蠶蛹。人類就會運用那些美麗的蠶絲，織成美麗的綢緞；把蠶絲抽去後，剩下的蛹也會拿來當食材。

獅子和魷魚，誰跟青蛙更像呢？

　　青蛙和獅子都有四條腿，從這一點來看，應該是獅子跟青蛙更像；但是，從光滑的皮膚、潛水的技能來看，卻是魷魚跟青蛙更像。所以，根據不同的比較標準，動物會有不同的分類。青蛙到底跟獅子還是魷魚更像，真的說不清楚吧？智醒汪現在就將科學家定義的答案告訴大家！

你跟我一樣有四條腿啊！所以你像我！

你跟我一樣皮膚滑滑的，而且都生活在水裏！所以你是像我才對！

左右為難……

脊椎

科學家在給動物分類時，首先會按「有沒有脊椎」做分類。青蛙和獅子都是有脊椎的，而魷魚沒有脊椎。由此可見，青蛙跟獅子是更相像的。

動物的分類是根據動物的特徵來進行的。進行分類時，首先要找到可以作為分類標準的共同特徵，最常用的標準就是長相了。而最大的分類標準則是「有脊椎」和「無脊椎」；此外，也會按體溫是恆常的，還是會根據環境溫度而改變的，分為「溫血動物」和「冷血動物」；還有按「有沒有四肢」來分類。

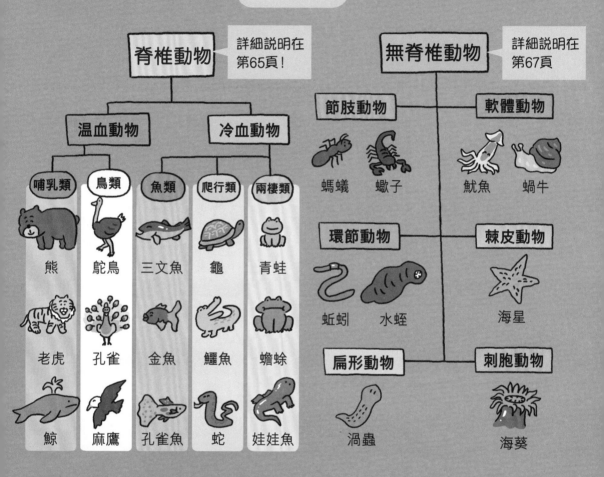

動物分類表

脊椎動物 — 詳細說明在第65頁！

無脊椎動物 — 詳細說明在第67頁

溫血動物　　冷血動物

哺乳類　鳥類　魚類　爬行類　兩棲類

熊　鴕鳥　三文魚　龜　青蛙

老虎　孔雀　金魚　鱷魚　蟾蜍

鯨　麻鷹　孔雀魚　蛇　娃娃魚

節肢動物　軟體動物

螞蟻　蠍子　魷魚　蝸牛

環節動物　棘皮動物

蚯蚓　水蛭　海星

扁形動物　刺胞動物

渦蟲　海葵

🐱 鴨嘴獸，你是誰啊？

　　鴨嘴獸的臉孔像鴨子一樣，有長長的嘴；但身體又像狸貓一樣，長滿毛。牠跟鴨子一樣，會生蛋；但是又會像狸貓一樣，給孩子餵奶。牠還有鴨掌一樣的蹼，能夠游泳。在動物分類當中，鴨子跟小鳥、雞一樣屬於鳥類，狸貓就跟狗、貓一樣，屬於哺乳類。最後，科學家根據鴨嘴獸會哺乳這個特徵，將牠歸類為哺乳類。

狗也會得腰椎病嗎？

長者經常會得腰椎病，稍為動一動腰，就發出哼嘰的聲音。狗也和人類一樣擁有脊椎，所以狗也是會得腰椎病的。這種病正確的叫法是「腰椎間盤突出」，在每節椎骨之間，有一種軟體組織叫「椎間盤」，當腰椎受到衝擊時，這種物質可以像軟墊一樣，為腰椎抵擋碰撞。但是，如果椎間盤突出了，壓迫到周圍的神經的話，就會產生痛症。

懵傻喵醫生，怎麼辦啊！我家的臘腸狗走路時，腿突然抬不起來了。

哎喲，牠患上了腰椎間盤突出呢。

神經

椎間盤

腿短腰長的狗類如臘腸狗、柯基、哈巴狗等，受先天基因影響，更容易患上腰椎間盤突出。

臘腸狗

如果小狗的腰椎間盤突出情況嚴重的話，是需要做手術的。日常不要讓小狗的腰部承受太大重量，控制牠們的體重，可以幫助牠們預防腰椎間盤突出。

我們貓類就很少患上腰椎間盤突出了！

脊椎動物就是如字面所説，長有脊椎的動物。如人類、狗、貓、獅子、兔子、老鼠、麻雀、魚等都是脊椎動物。脊椎動物比無脊椎動物體型更大，堅硬的脊椎可以更好地保護外力對內臟和神經的衝擊；脊椎動物的眼睛、耳朵等感覺器官也較發達。

脊椎動物的特徵

	身體表面	呼吸器官	體溫調節	繁殖方法
哺乳類 狗	毛髮	肺	**溫血動物** 體溫不受周圍溫度影響，恆常一致。	胎生
鳥類 雞	羽毛	肺		卵生（蛋）
爬行類 蜥蜴	鱗片	肺	**冷血動物** 體溫隨着周圍環境溫度變化。	卵生
兩棲類 青蛙	濕潤的皮膚	蝌蚪期用鰓　長大後用肺和皮膚		卵生
魚類 鯽魚	鱗片	鰓		卵生

雖然長得像蚯蚓，但蛇是脊椎動物啊！

雖然蛇的身體細長，長得很像無脊椎動物。但是牠屬於脊椎動物，與鱷魚、蜥蜴的親戚關係更相近。你覺得牠們長得不像？其實在很久很久以前，蛇的祖先也是有腳的，但是為了讓細長的身體移動起來更方便，牠們的腿就漸漸退化、消失了。

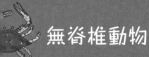

螃蟹的殼是骨頭嗎？

螃蟹身體和四肢包裹着硬殼，那些不是骨頭，而是外殼（外骨骼）。蟹殼雖然不比人類的骨頭堅硬，但還是比肉堅固得多，因此既可以支撐，又可以保護軀體。

像我們這樣的脊椎動物，是靠骨頭來支撐軀體的；然而，像螃蟹那樣的動物，就要靠外殼來支撐身體了。

啊！原來脊椎動物的骨頭是在身體裏面的，所以被稱為「內骨骼」；螃蟹的外殼是在身體外面的，所以被稱為「外骨骼」。

螃蟹

螃蟹成長過程中，外殼會定時脫落。因為當螃蟹長大，原來的外殼就不合身了。這種現象叫做**蛻皮**。剛蛻皮的螃蟹，外殼是十分柔軟的，但是很快就會變得堅硬起來。

蠍子

蝦

不僅蟹、蝦和蠍子，蜻蜓、螞蟻、蟬、甲蟲等昆蟲也是長有外骨骼的呢。

無脊椎動物就是沒長有脊椎的動物。牠們沒有脊椎，身體柔軟。地球上超過90%的動物都是無脊椎動物，牠們的種類也非常多。

無脊椎動物的特徵

	外形	嘴與肛門區分	其他特徵
節肢動物 鍬形蟲	身體被堅硬的外殼包裹，有關節，也有四肢。		成長過程中，有「蛻皮」的脫殼現象。
環節動物 蚯蚓	軀體是圓柱形的，有關節。	嘴與肛門是分開的。	生活在濕潤的土地或水裏。
軟體動物 章魚	身體柔軟，有關節。	這不是理所當然的嗎？	靠肌肉和肢體移動。
棘皮動物 海星	被堅硬的外殼包裹，身體上有尖刺或突起物。		長有細長的「管足」，用作行走和呼吸。
扁形動物 渦蟲	身體柔軟扁平。	嘴與肛門是同一器官。	背部和腹部是有區分的。
刺胞動物 海葵	身體內部是空心的，嘴部周圍有突出的觸手。	不是吧……	捕食時，會射出「刺絲細胞」。

世界上最強悍的動物是無脊椎動物「水熊蟲」！

水熊蟲從約5億3000萬年前，就一直在地球上生存至今，雖然牠們是身體長度不足 1 毫米的無脊椎動物，但確實是宇宙最強。牠們可以在超過151℃的環境下生存，在零下273℃的冰封世界也安然無事。牠們失去體內97%的水分也能生存，即使在沒有空氣的真空環境下，也能生存10日之久！因為牠用 8 條腿走路，與爬行的熊十分相像，所以被稱為「水熊蟲」。

水稻為什麼每年都要重新播種？

　　因為秋天收成過後，水稻就不會再生長了。它們結出果實後，生命就會終結，但是水稻會留下種子傳宗接代，稱為稻種。粗糙的黃色果實會變成稻種，當春天再次來臨時，稻種就會發芽，長成水稻。這種只能存活一年的植物，被稱為「一年生植物」。

水稻的一生

1. 春天時，農夫會將發芽後的稻種種在稻田裏。

稻種

你們要快高長大呀！

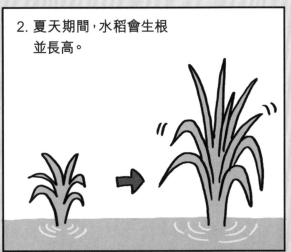

2. 夏天期間，水稻會生根並長高。

3. 夏末時分，水稻的小花盛開。

很細小的花啊！

4. 秋天時，水稻的花凋謝，並長出稻種果實。

水稻成熟變黃啦！

植物的一生是指植物從種子發芽，到再次結出種子為止的時期。不同的植物，生命周期各有不同。

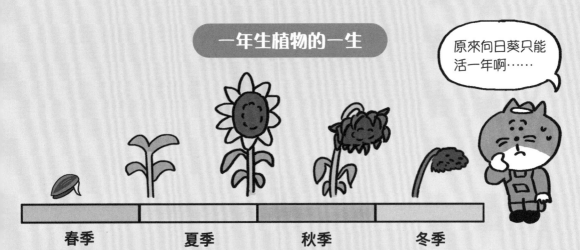

一年生植物的一生

> 原來向日葵只能活一年啊……

春季　　　夏季　　　秋季　　　冬季

一年生植物只能活一年，例如水稻、玉米、青豆、鳳仙花、南瓜、向日葵、番茄等。大部分草類也是一年生植物，它們會在一年內開花、結果、結種。

多年生植物的一生

> 櫸樹即使結果了，也不會死掉，第二年會重新開始生長。

春季　　　夏季　　　秋季　　　冬季　　　第二年春季

多年生植物能存活多年，草類當中有蒲公英、菊花等；樹木當中，就有玫瑰、柿子樹、洋槐等。冬季時，它們的根能抵受嚴寒，樹枝上可積雪；第二年春天時，又會長出新芽。

有樹可以活一千年以上嗎？

　　樹木的壽命會比草長，因為它們粗壯的樹根可以牢牢抓實地底，並且在地底吸水。樹枝也比草更能抵禦病蟲災害，茂盛的樹葉也更有利於光合作用。

　　香港現時就有 8 棵樹齡超過100年的古樹。而在韓國的京畿道楊平，那裏的龍門寺中就有一棵超過1,100歲的銀杏樹。它高達42米，樹根長達15米，十分巨大。

鹽鹼地裏也可以種植物嗎？

　　大部分植物都不能生長在海邊，因為海邊風大，而且植物吸入海水（鹹水）後很容易枯萎。但是有一些植物，即使在海邊也能茁壯生長，因為它們有一副可以戰勝海邊環境的軀幹！這些在鹽分含量高的土地裏也能生長的植物，被稱為「鹽生植物」。

單葉蔓荊

濱海珍珠菜

因為體型較小，所以不怕被海風吹倒。

大吳風草

腎葉打碗花

就像在沙地上攀爬一樣生長，所以也不怕海邊強風。

葉子較厚，即使海邊太陽猛烈，也不會被曬乾。

海蓬子

日本鹼蓬

生活在被海水覆蓋的泥潭上，當海水一風乾，它們就會馬上把鹽分吐出體外。

70

植物的棲息地是非常多樣的。平原、樹林、山、江邊和海邊等地方都有植物在生長，有的植物還生活在池塘或江河裏。植物跟動物一樣，根據不同的棲息地，擁有不同的特徵。

生活在地上的植物

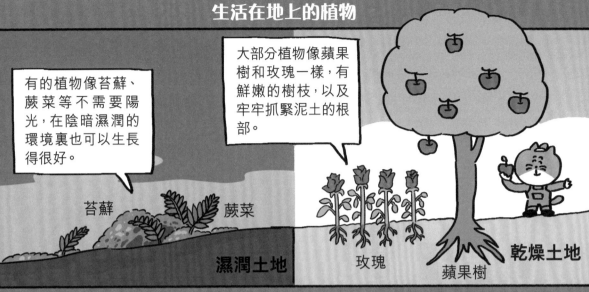

有的植物像苔蘚、蕨菜等不需要陽光，在陰暗濕潤的環境裏也可以生長得很好。

大部分植物像蘋果樹和玫瑰一樣，有鮮嫩的樹枝，以及牢牢抓緊泥土的根部。

苔蘚　　蕨菜

濕潤土地

玫瑰　　蘋果樹　　**乾燥土地**

生活在水裏的植物

像鳳眼蓮和浮萍這樣在水裏生長的植物，為了能浮在水面上，葉柄或葉背都有很多氣囊。

浮萍

蓮花　　菱角　　鳳眼蓮

大葉藻

金魚藻

像金魚藻、大葉藻這樣生活在水底的植物，枝幹都比較纖細和柔弱。

有些植物的花朵和葉子都浮在水面上，例如蓮花、菱角，但它們其實是紮根於水底的。

乾燥的沙漠和寒冷的北極都有植物生長！

沙漠上不怎麼下雨，但有仙人掌等植物在生長着；北極長年被冰雪覆蓋，也生長着苔蘚和細小的草類。仙人掌會把水分儲存在厚實的身體裏，為了不流失水分，它們的葉子形狀並不是扁平的，而是長滿鋒利的尖刺。而生長在北極的植物，只能依靠為期只有1至2個月的夏季溫暖陽光，努力地生存。

咦？西瓜和青瓜竟然是同一種蔬菜？

西瓜是很常見的水果吧？但是嚴格來說，西瓜屬於蔬菜類，即是跟青瓜種類相似呢！水果一般指長在樹木上，並且可被食用的果實，蘋果、梨、桃都屬於水果。而常被我們視為水果的西瓜，還有青瓜、香瓜都是生長在綠色莖部植物上，它們應該被歸作蔬菜類。區分水果和蔬菜的另一個秘訣，就是看它們花朵的形狀了。

以種子繁殖的植物 — 被子植物 — 雙子葉植物 玫瑰 青豆

單子葉植物 百合 水稻

詳細說明在第75頁

詳細說明在第77頁

裸子植物 松樹 銀杏

以孢子繁殖的植物 — 蕨類植物 蕨菜 紫萁

苔蘚類植物 金髮蘚 地錢

那麼，我們帶上花朵面具，就可以扮成花朵啦？

靠種子繁殖的植物一般都有開花的特徵，所以又稱為「開花植物」。

植物的分類是根據植物的特徵來進行的。植物學家們大體按照植物會否產生種子、會否開花、種子生長在哪裏等原則，來進行分類。

第一個提出植物分類的人是誰？

第一個提出現代植物分類法則的人，是瑞典的植物學家卡爾·林奈（Carl Linnaeus）。在1700年代，植物體系還沒有完全被分類好，因此人們研究起來非常困難。所以林奈收集了數萬種植物進行研究，並將近似的植物歸在一起，規劃出植物的分類體系。雖然在往後的發展過程中，他有一些錯誤被修正了，但是林奈提出的植物分類框架，至今仍被使用中。

時光寶盒裏竟然有種子？

雖然很令人吃驚，但是數千、數百年前的種子，竟然到現在也能發芽，就像生命的時光寶盒被打開了一樣！在韓國慶南道的咸安市，有人發掘出700年前的蓮花種子，還都能成功發芽；以色列也有二千多年前的椰棗種子發芽生長了。這是怎麼回事呢？因為這些種子都有厚厚的皮包裹着，而且一直沉睡在涼爽的地方。種子一般在空氣、溫度、濕度都適當的環境下才會發芽，所以它們大概是在千百年後，才遇到了適合發芽的環境吧！

700年前的阿羅紅蓮種子發芽記

2009年，在韓國慶南道咸安的城山山城遺址上，考古學家掘出了一些700年前高麗時代的蓮花種子。

不是吧，土地深處怎會有種子？

種子被外殼堅硬的果皮包裹着，科學家們試圖將果皮破開，讓種子發芽。三顆種子中，竟然有一顆成功發芽了！

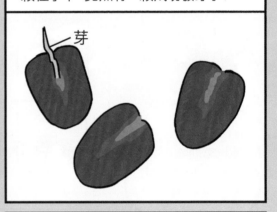

芽

蓮花的第一片葉子凋謝了，幸好第二片葉子很好地存活下來了。

這蓮葉到底是1歲還是700歲呢？

2010年，蓮花種子終於開花了！因為它被挖出的土地以前名叫「阿羅伽倻」，所以它被稱為「阿羅紅蓮」。

種子植物是會生成種子，並靠種子傳播繁殖的植物。它們的根、莖、葉分明。根據胚珠的生長位置，種子植物又被分為被子植物和裸子植物。胚珠指的是將來會發育成種子的部位。簡單點說，可以理解成是種子的小寶寶！

種子植物

被子植物

胚珠長在子房裏面。子房長大後，就會成為包裹種子的果實。

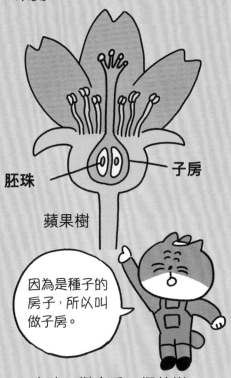

蘋果樹

因為是種子的房子，所以叫做子房。

玫瑰、鬱金香、櫻花樹等都是被子植物。

裸子植物

裸子植物沒有子房，胚珠直接長在表面。胚珠長在雌花的雌蕊裏，這雌花之後會發展成松果。

松樹

哦？裸子植物有分雌花和雄花嗎？

銀杏樹、蘇鐵等都是裸子植物。

 世界上最大的種子是怎樣的？

那是屬於棕櫚科，名字叫海椰子的植物種子，它的一顆種子重量可達 20 公斤以上！由於種子太巨大，據說它從受精到結果，足足需要 7 年時間！

蕨菜的種子在哪裏呢？

蕨菜是沒有種子的，它用「孢子」來傳宗接代。種子一般可以被肉眼看見，但是孢子細小得像塵埃一樣，所以是很難用肉眼看見的。孢子隨着空氣飄散，落到濕潤的土地上，就可以生根發芽。

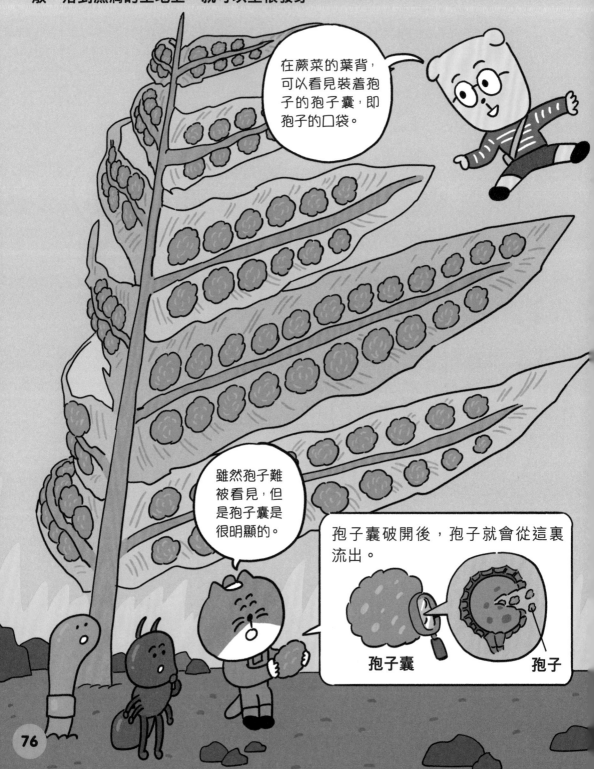

在蕨菜的葉背，可以看見裝着孢子的孢子囊，即孢子的口袋。

雖然孢子難被看見，但是孢子囊是很明顯的。

孢子囊破開後，孢子就會從這裏流出。

孢子囊　　　　孢子

孢子是可以獨自繁殖的。種子植物必須由雄蕊的花粉與雌蕊的胚珠結合，才能生出種子繁殖；但是孢子只需要掉落在潮濕陰暗的土地上，就可以展開新生命。像蕨菜一類的蕨類植物，以及苔蘚一類的苔蘚類植物，以及蘑菇、霉菌一類的菌類植物都是通過孢子繁殖的。

原來地錢和蕨菜生長在這麼潮濕的地方啊。

像塵埃一樣飛舞的孢子，在空氣、水分和溫度都適合的時候就會掉落在土地裏，並開始發芽。

環境變乾燥時，孢子囊就會破開，囊裏的孢子就會飛出來！

這是蕨菜的嫩芽。捲曲的葉子會慢慢展開生長，長大後葉子背面會生出孢子囊。我們平時吃的蕨菜就是這些嫩芽。

蕨菜

地錢有分雌株和雄株。只有雌株才有孢子。

地錢

雌株

雄株

第一個出現在土地上的植物是苔蘚！

很久很久以前，所有植物都是生長在水裏的，後來才進化到在陸地上生長。科學家們認為最初的陸生植物就是苔蘚，苔蘚植物本來生活在水裏，後來漸漸轉移到濕氣重的地方。因為那裏的環境跟水源相似，這也是它們只生活在陰暗潮濕地方的原因。

77

菌類

有地方發霉，代表什麼呢？

如果家裏長期不通風，就很容易發霉。霉菌特別喜歡陰暗、潮濕又温暖的地方。霉菌有酸臭味，也容易引起氣管炎、過敏、哮喘、皮膚病等問題，而且氣味還會令人產生噁心感，更容易疲勞。所以，為了不讓家裏發霉，一定要常做清潔，保持家裏環境乾爽。

容易發霉的區域！

如果室外空氣和牆壁的温差太大，暖空氣與牆壁接觸時就會產生露水。這種結露現象發生時，牆壁就會變得潮濕並發霉。

潮濕的洗手間特別容易發霉。

哎呀，發霉了！快點打開窗，去除霉菌吧！

麵包、水果、肉類等長時間放置在常温下，也會產生綠色的霉菌。

只不過放了幾天，就被霉菌攻擊了⋯⋯

菌類是指霉菌、蘑菇等生物，它們既不是動物也不是植物。它們無法自製養分，所以一定要寄生在別的生物身上來吸收養分。另外，它們會產生孢子並散播在空氣中，藉此方法來繁殖。

蘑菇是我們能肉眼看見的巨大菌類。它們主要生長在枯萎的樹木、樹根等潮濕的地方。它們的孢子一般被包裹在傘形部位的裏面。

蘑菇

霉菌非常細小，用眼看起來就像一團團細小的線團。但我們用顯微鏡看的話，可以發現它們的頂部有一個圓形的小袋，孢子就在裏面。

霉菌

菌絲英文是hypha，眾數是hyphae。

原來蘑菇不是植物啊！

蘑菇和霉菌的底部都有細長的**菌絲**，菌絲像線團一樣纏繞着它們生長的地方，使主體固定。

不是所有霉菌都是壞人！

吃了發霉的食物就會腹瀉，但並不是所有霉菌都對身體有害的。霉菌也可以用來做腐乳、芝士、大醬湯、醬油、米酒等發酵食物，而且用來除菌的抗生素也是用青黴素（盤尼西林）製成的。

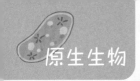

水上的綠色物體都是生物嗎？

　　如果用顯微鏡觀察綠色的池塘，會看到裏面有數不清的細小生物。這些是水綿、新月藻、鼓藻、綠色裸藻等原生生物，原生生物一般生活在不流動的池水，或者流速較慢的河水裏。雖然它們不是植物，但也像植物一樣利用陽光、水和二氧化碳來製造養分，釋放氧氣。所以它們也像樹葉一樣，呈綠色。

原生生物不屬於動物、植物或細菌，它們是一種單純的生物。大部分原生生物跟細菌一樣，由單細胞組成，所以既不屬於動物也不屬於植物，但是它們也會有動物或植物的特徵。

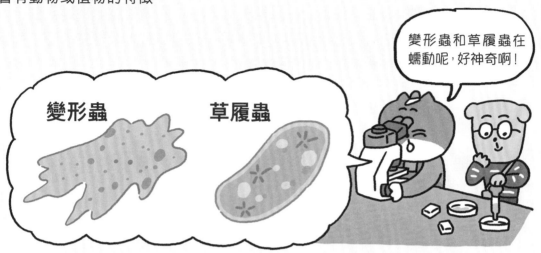

變形蟲和草履蟲可以像動物一樣自由移動，它們也會捕食細菌。

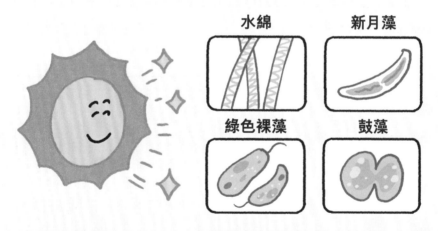

水綿和綠色裸藻等生物，會像植物一樣進行光合作用，自行利用陽光製造養分。

變形蟲為什麼可以一直改變形狀呢？

草履蟲長得像鞋子，新月藻像半月形狀，而變形蟲則不同，形狀會不斷改變。原因是變形蟲就像一個注滿水的球，全身被一層薄膜包裹，當它們移動時，外肢不斷向前伸直，形狀就會不斷改變。其他原生生物大部分也是利用微小的毛髮來移動的。

勤刷牙，口腔裏就沒有細菌了嗎？

很遺憾，無論你怎麼認真刷牙、漱口多少次，都無法將口腔中的細菌完全消滅。因為牙刷能觸碰的口腔部分，只有不到25%。那為什麼還要刷牙呢？因為，如果你不刷牙的話，口腔的細菌會更多呢！有害細菌大量聚集的話，就會導致口腔問題，所以要盡量減少它們的數量。

不認真刷牙會怎樣？

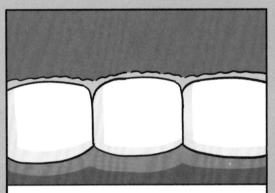

1. 口腔裏的食物殘留物與口水混合，形成一層薄膜覆蓋在牙齒表面。

2. 這層牙菌膜裏會產生很多細菌，最後形成牙菌斑。

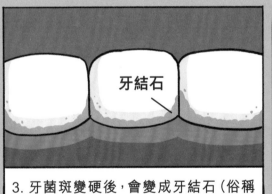

3. 牙菌斑變硬後，會變成牙結石（俗稱牙石）。牙結石長時間積聚，會產生口臭並導致牙齦出血。

所以，一定要記住認真刷牙，一日三次啊！對了，不是所有口腔裏的細菌都是有害的，其實有害的惡菌大約只佔細菌總量的1%，也有很多益菌可以維持牙齒健康！所以不要一聽到細菌，就覺得討厭啊！

細菌是由單細胞組成、最小、最單純的生物。它們也是在地球上生存時間最長的生物，英文名稱是bacteria。

細菌的特徵

| 球形 | 長條形 | 螺旋形 | 有鞭毛 |

細菌的形狀非常多樣。

我們是無法避開細菌的！

芝士發酵時使用的乳酸菌，也是細菌的一種。

真的嗎？細菌竟然可以製造出這麼美味的食物！

細菌在我們的身體裏和周圍環境無處不在，甚至在火山等高溫環境，即使動植物無法生存，也有細菌的存在。

有些細菌會引起疾病，但是它們也能分解死去的動物和落葉等物質，讓它們回歸大自然。雖然細菌會讓食物變質和變壞，但它們也能讓泡菜、芝士等食物發酵，變成美味的食物。

我們的身體裏，細菌比細胞更多！

我們的口腔、頭髮、眼鼻、皮膚、腸道裏都有這幾百兆隻細菌在生活着。一般人體細胞數量大概是100兆個，可見細菌的數量是細胞的幾倍。我們身體裏的細菌大部分是益菌，用來擊退惡菌和幫助消化，也是排便的好幫手。

有魚缸可以不用餵飼料的嗎？

　　美國太空總處（NASA）的科學家開發了一個不需要人手餵飼的「完全密閉式魚缸」。這是為了試驗是否能在宇宙中開發出適合人類居住的新基地而製造的，試驗對象是人工地球和人工生態系統。這個魚缸裏用海水組成，水裏生活着幾隻小蝦、一些海藻類和微生物。因為是密閉空間，所以外界無法給牠們餵食和換水，但是小蝦也可以一直在裏面存活。這是怎麼做到的呢？

全封閉魚缸（生態球）

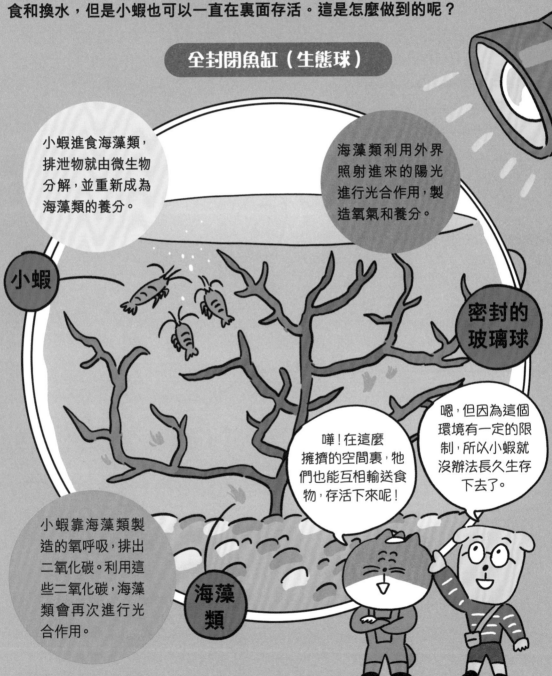

小蝦進食海藻類，排泄物就由微生物分解，並重新成為海藻類的養分。

海藻類利用外界照射進來的陽光進行光合作用，製造氧氣和養分。

小蝦

密封的玻璃球

小蝦靠海藻類製造的氧呼吸，排出二氧化碳。利用這些二氧化碳，海藻類會再次進行光合作用。

海藻類

嘩！在這麼擁擠的空間裏，牠們也能互相輸送食物，存活下來呢！

嗯，但因為這個環境有一定的限制，所以小蝦就沒辦法長久生存下去了。

生態系統指的是地球上所有生物因素（包括動植物等）與非生物因素（陽光、空氣、水、土壤等）相互影響，形成一個維持生命的系統。土地上和水裏都有各自的生態系統，即使在土地上，也有森林、草原、沙漠等不同的生態系統；而在水裏，就有江河、湖泊、海洋等不同的生態系統。

森林裏的生態系統

太陽光

以動植物為食物的**消費者**。

空氣

通過光合作用自製養分的**生產者**。

通過分解動植物的排泄物和屍體，獲取養分的**分解者**。

水

泥土

根據獲取養分方式的不同，生物被分為生產者、消費者和分解者。

為生態系統搭建舞台的，正是非生物！

生物要生存，必須有合適的陽光、溫度、水、空氣和土壤。空氣成分適宜，生物才能正常呼吸；溫度恰當，水分才能既不結冰也不乾旱。在生態系統裏，非生物和生物會互相給對方積極正面的影響。

竟然有一座塑膠島？

你有看過一些關於海洋垃圾問題的新聞嗎？在太平洋中央，甚至有一座由塑膠垃圾組成的島嶼。看到那些照片，你一定會感到十分震驚。可是，研究指出這些塑膠垃圾最終也會回到我們身體裏。這是因為生物有互相捕食和互為食物的關係網。

這些塑膠垃圾會漂向哪裏呢？

4. 人類也會進食這些吃了微塑膠的海洋生物（例如魚）。結果，塑膠垃圾又回到了人類的身體裏了。

1. 在大海上漂浮的塑膠垃圾會被陽光、海水、風等分解成細小的碎片，然後成為浮游生物等微生物的食物。

2. 吃了微塑膠（塑膠碎片）的浮游生物又會被細小的海洋生物捕食。

3. 然後，這些細小海洋生物又會被大型的海洋生物捕食……

食物鏈

食物網

食物鏈是由「生產者→初級消費者→次級消費者→三級消費者等」組成鏈狀，顯示生物之間「吃」與「被吃」的關係。多條食物鏈互相交叉，組成像網狀一樣的關係結構，就是**食物網**。

避開天敵與捕食的生存戰略

　　每種生物都有能避開天敵的生存戰略，例如草蜢身上有保護色，臭鼬會噴射臭氣。另一方面，動物也有各自的捕食戰略，例如鯊魚可以在數公里外就聞到獵物的氣味，貓頭鷹在漆黑的夜晚也能看清楚一切。

兔子為什麼要生那麼多孩子呢？

兔子以繁殖能力強而見稱！牠們每次懷孕能生產 5 至 6 隻幼崽，兔媽媽剛生產完 24 小時後又能馬上再次懷孕。兔子等草食動物一般比肉食動物繁殖能力更強，因為草食動物都會成為肉食動物的食糧。

如果肉食動物的數量突然變多，結果會怎麼？

1. 草食動物連繁殖下一代的機會都沒有，就會被肉食動物吃掉。

2. 草食動物會變得越來越少。

3. 肉食動物的食物越來越少，漸漸餓死。

4. 最後連肉食動物也變得越來越少。

所以，草食動物的數量比肉食動物的更多，生態系統才能維持。

生態金字塔是生物的捕食關係和數量的層級關係圖。作為生產者的植物處於最下方，然後按一級消費者、次級消費者、三級消費者的順序層層往上疊加，形成金字塔的模樣。處於最高層級的消費者，也被稱為頂級消費者。

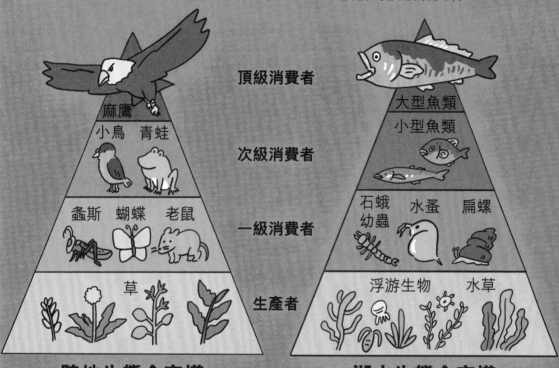

陸地生態金字塔　　　　　湖水生態金字塔

👓 如何維持生態系統？

　　有些國家會從其他地區引進動物，來捕食本土的動物；或者環境突然改變，這都會導致某種生物的數量突然減少。所以，只有物種足夠豐富、食物網足夠複雜，才能維持生態系統平衡，不會被輕易破壞。而生物間也會互相影響，自然地互相調節數量，這種維持生態的形式，被稱為「生態平衡」。

體積大的動物，細胞也更大嗎？

無論是植物還是動物，細胞的大小都是差不多的。體型差異是由細胞的數量造成的，體型越大，細胞數量越多。細胞生長到特定大小後就不能再變大，所以如果動物的體型要變大的時候，牠體內的細胞會一分為二。這過程稱為「細胞分裂」。

那麼大象的細胞數量有多少啊？

大象的細胞數量比老鼠多 1 萬倍！但大象和老鼠的細胞大小很相近，都只有 0.1 毫米！

細胞是生物身體的基本組成單位。有些生物例如細菌等，只由單一個細胞組成；也有些生物例如人類、貓等由大量細胞組成。組成我們身體的細胞大約有100兆個，每個細胞的大小只有約0.1毫米。

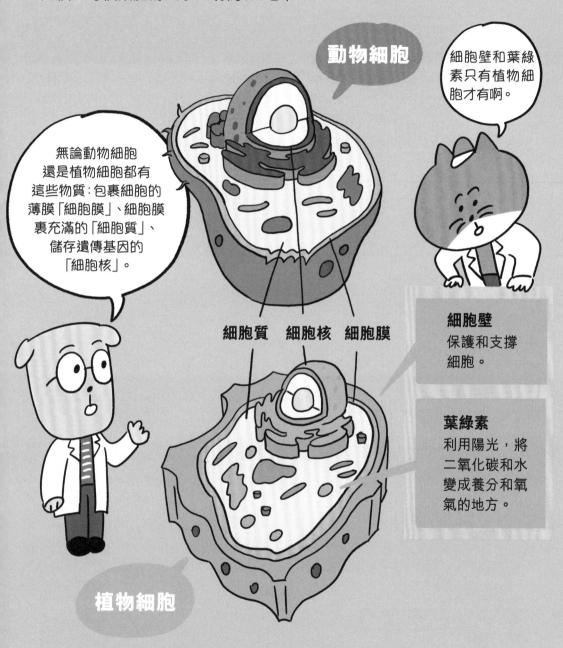

動物細胞

細胞壁和葉綠素只有植物細胞才有啊。

無論動物細胞還是植物細胞都有這些物質：包裹細胞的薄膜「細胞膜」、細胞膜裏充滿的「細胞質」、儲存遺傳基因的「細胞核」。

細胞質　　細胞核　　細胞膜

細胞壁
保護和支撐細胞。

葉綠素
利用陽光，將二氧化碳和水變成養分和氧氣的地方。

植物細胞

有可以用肉眼看見的細胞嗎？

雞蛋和鴕鳥蛋的卵（蛋）其實都是一個細胞。大部分細胞的體積都太小，只有用顯微鏡才能觀察到，但有一些動物的卵就大到能被肉眼看見。

把植物的枝幹折斷後放到水裏，它會怎麼生根？

植物的再生能力非常旺盛，即使枝幹和根部被折斷，也能重新生長。植物再生的秘訣就是被稱為「生長素」的生長荷爾蒙，生長素可以幫助綠芽生長、莖部變長，也能幫助植物底部生根。

植物折斷後重新生根的方法

用剪刀將植物的莖剪下來，然後將它豎立在水裏。如果想讓根長得更好，應該盡量避免讓陽光照射到植物的底部，因為生長素一般堆積在陽光的相反方向。

生長素向下移動了！根很快就會長出來！

生長素

原來植物也跟我們一樣，是靠荷爾蒙長大的呢！

重力的方向

我們像上圖這樣，將植物的一部分折斷，並讓它生根的步驟，稱為扦插。適合用扦插法繁殖的植物包括野百合、玫瑰、番薯等，生根過程一般需要2周至1個月。

根部是植物最下端的部分，能確保植物能長在地裏不倒下，也能為植物輸送土壤裏的養分和水分，還能儲存養分。

玫瑰、白菜等有兩片子葉，屬於**雙子葉植物**。其根部中央有一條又粗又直的大根，大根上生長着細根。

水稻、大麥、玉米等只有一片子葉，屬於**單子葉植物**。其根部形狀像鬍鬚一樣。

它們是從這裏吸收水分和養分的。

打個比喻，根部就是它們的嘴巴。

根毛

生長點

根冠

生長點在緊緊包裹根部末端的**根冠**裏，隨着生長點裏的細胞生長，根部也會漸漸變長。

番薯和馬鈴薯都是根部？

番薯是根部，但馬鈴薯是莖部啊！番薯、紅蘿蔔、白蘿蔔等將養分儲存在根部的植物，被稱為根菜，根菜將土地中的養分直接吸收過來，製造出很多對健康有益的營養素。而馬鈴薯和洋葱則是將養分儲存於地下塊莖的植物。

為什麼竹子裏面是空心的呢？

　　因為竹子的莖長得太快了。其實竹子並不是樹木，而是多年生草類植物，堅硬的竹子莖部實際上是巨大的草莖。竹子是世界上生長速度最快的植物，一天就能長高幾十厘米。但是，正因為生長速度太快，莖部裏的物質無法跟上這生長速度，因此竹子的內部是空心的。

裏面是空心的，那它怎麼吸收水和養分呢？

根部吸收的水和養分是通過這裏輸送到竹子全身的，這通道被稱為「維管束」。

所以竹子才這麼好咬呢。

好吃好吃。

莖部是指支撐植物，並將根部吸收的水以及葉子合成的養分輸送至植物全身的通道。莖部內有輸送養分的韌皮部和輸送水的導管，而不同植物，莖部的模樣各不相同。

向日葵的莖部挺拔直立！這稱為**直立莖**。

喇叭花（牽牛花）的莖部會纏繞在其他植物或枝幹上，這種稱為**攀緣莖**。

如果將喇叭花捲曲的莖部展開來量度，足足有2米長呢！

簡直是長腿花啊！

維管束

導管　　韌皮部

像爬牆虎一樣，攀爬在牆壁或地上的莖部，稱為**匍匐莖**。

喇叭花和紫藤會向着太陽移動！

喇叭花和青豆會以逆時針方向攀爬生長，紫藤是以順時針方向攀爬生長。它們會一直攀爬到哪裏？這類攀緣莖植物為了吸收更多陽光，會一直向着有陽光的方向攀爬生長的。

葉子與光合作用

為什麼葉子背面的顏色較淺呢？

　　細心觀察植物的葉子會發現，葉子正面與背面的顏色是不一樣的。正面是深綠色的，而背面是淺綠色的，那是因為呈綠色的葉綠素更多聚集在葉子的正面。葉綠素是進行光合作用、製造養分的器官。而進行光合作用，必須要有陽光，所以植物葉子的正面總是向着陽光生長的。

葉子

正面

葉脈

葉柄

背面

葉子背面顏色較淺、較粗糙呢。正面的綠色就較深，而且較有光澤。

因為葉子的正面要吸收陽光，所以會更光滑平整！

葉子與莖部相連，是合成養分的部分。植物製造養分的過程稱為**光合作用**。葉子裏的葉綠素利用陽光，將水和二氧化碳變成養分和氧氣。另外，植物也會通過葉子蒸發水分和呼吸。

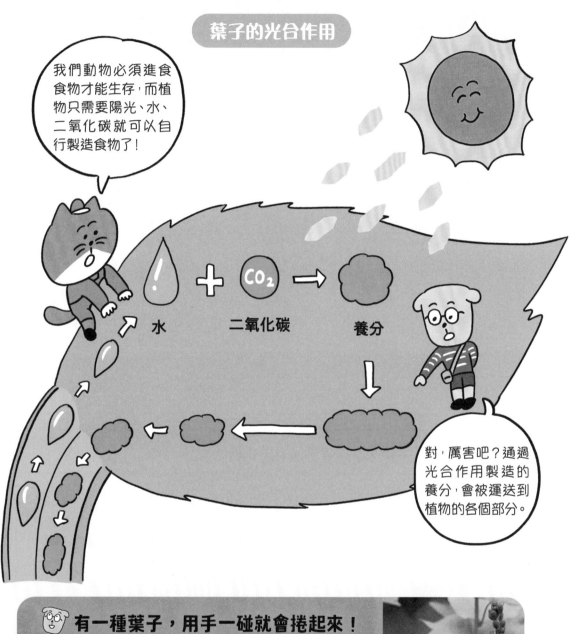

葉子的光合作用

我們動物必須進食食物才能生存，而植物只需要陽光、水、二氧化碳就可以自行製造食物了！

水 ＋ CO₂ → 養分

對，厲害吧？通過光合作用製造的養分，會被運送到植物的各個部分。

🐶 **有一種葉子，用手一碰就會捲起來！**
　　碰一下含羞草，它的葉子就會向下捲縮；但是過一段時間，它又會重新打開。含羞草的葉子能夠這樣移動，是因為它們對外部的刺激比較敏感，會做出自我保護的反應。

什麼？植物也會流汗？

我們的身體遇到高溫時，就會通過流汗來降溫，其實植物也會像人一樣通過流汗來調節溫度。正確來説，它們流的不是含鹽分的汗，而是水分！植物生長的過程中，會通過葉子將多餘的水分排出，然後水分蒸發時，葉子周圍的熱量就會散失而降低溫度。天氣越溫暖，陽光越猛烈，風越大，植物排出的水分越多。葉子數量越多，排水能力也發達。

小實驗！觀察植物排水

1. 將植物約一半的莖部，用透明塑膠袋包裹好，並放在陽光充足的地方。

2. 一兩天後，就能看到塑膠袋裏掛滿了水珠。

啊，水分是以水蒸氣形式排出的，然後凝結成水，並掛在塑膠袋上了。

蒸散作用是指植物將身體裏的水分通過葉子排出的現象。蒸散作用通過葉片背面的「氣孔」進行，我們只要用顯微鏡觀察葉背，就可以看到大量的氣孔。

葉子是怎麼排水的？

保衞細胞在吸水後變得飽滿，氣孔就會被張開。這時水分就可以通過氣孔排出。

氣孔

保衞細胞

根部吸收的水分通過莖部輸送到葉子上

氣孔將水分排出體外後，植物會更想補充水分，所以會再次通過根部吸收水分，並輸送到葉子上。就這樣，通過蒸散作用，植物體內的水分得以循環。

🌵 仙人掌長滿刺的原因

仙人掌的刺就是它的葉子。植物的葉子越寬大，蒸散作用越發達，所以生活在沙漠的仙人掌，為了在又熱又乾燥的環境中不流失水分，葉子就長成了刺的模樣。而生活在寒冷地區的松樹、杉樹和針葉樹等，也是為了不流失水分，葉子長得像針一樣尖細。

竟然有花朵不能吸引昆蟲？

有的花朵外形美麗，香氣洋溢，因此能吸引昆蟲來傳播花粉，這樣的花朵被稱為「蟲媒花」。但是有的花朵既不漂亮，也沒有香味和花蜜，更不能吸引昆蟲。這些例子包括松樹、楓葉、銀杏等樹木。

松樹傳播花粉的方法

它又不香！

又沒有花蜜！

顏色也不鮮艷！

哼！我不需要這些賣點，因為有風幫我傳播花粉！我的花粉為了更容易被風吹散，所以長滿了氣囊。

真的假的？松樹的花粉上綁着氣球？

對，松花粉因為身上掛着兩個氣囊，很容易被風吹起。這類借風力傳媒花粉的花，被稱為「風媒花」。

松樹

讓水果變甜的是蝙蝠？

在熱帶地區生長的芒果和香蕉，竟然是由蝙蝠來傳播花粉的！因為那裏的蝙蝠不是以昆蟲或動物的血為食物，而是以花蜜為食物。蝙蝠為了吸食花蜜會穿梭在不同的花朵裏，這行為同時幫助了花粉的傳播。吸引蝙蝠的花朵一般是汁水多，而且在夜晚開放。但它們發出的不是清香的氣味，而是肉類變質的味道。

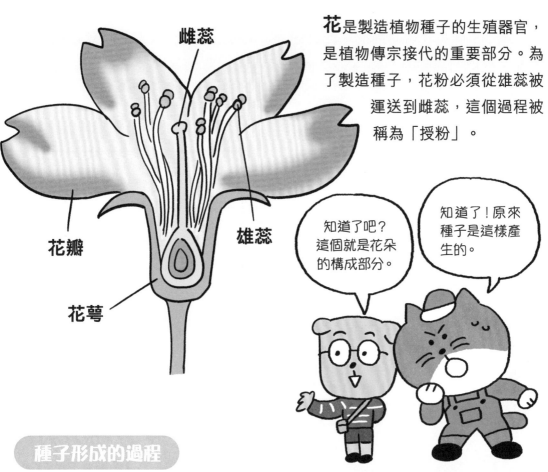

花是製造植物種子的生殖器官，是植物傳宗接代的重要部分。為了製造種子，花粉必須從雄蕊被運送到雌蕊，這個過程被稱為「授粉」。

雌蕊

花瓣

雄蕊

花萼

知道了吧？這個就是花朵的構成部分。

知道了！原來種子是這樣產生的。

種子形成的過程

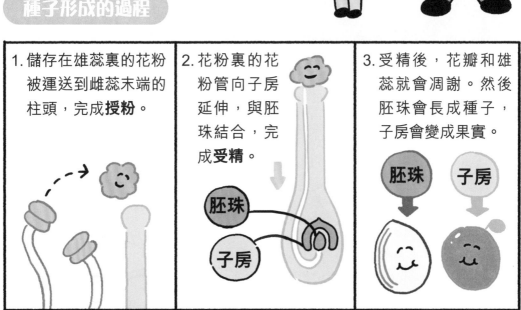

1. 儲存在雄蕊裏的花粉被運送到雌蕊末端的柱頭，完成**授粉**。

2. 花粉裏的花粉管向子房延伸，與胚珠結合，完成**受精**。

胚珠

子房

3. 受精後，花瓣和雄蕊就會凋謝。然後胚珠會長成種子，子房會變成果實。

胚珠　子房

竟然有種子可以獨自跨過海洋？

椰子是生長在海邊的椰子樹果實，可以在海上漂浮，這樣就可以隨着波浪起伏，展開跨越數十、數百公里的旅程。它隨着海水漂流，並到達某個島嶼後，就會落地生根。這一切是為了將椰子樹果實裏面的種子傳播到遠方，但是它為什麼能在海洋上漂浮這麼長時間呢？

因為外殼裏的纖維素之間有空氣，所以可以在海水上浮起。

果汁

我們在便利店裏買到的椰子水，就是來自椰子裏的果汁！

啊，好味道！即是，這些果汁也是從海的另一邊運送過來的啊！

果實是指花朵授粉和受精後，由子房生長而成的部分。果實裏面有由胚珠長成的種子，果皮會包裹着種子，給予保護。

桃子

子房　　　　　種子

子房長大，就變成好吃的果實。這種果實被稱為**真果**，除了桃子外，柿子、西瓜、豌豆等都是真果。

這桃子很甜！快點吃了它，把裏面的種子再種起來！

草莓

子房

花萼

花萼長大後變成了果實。像這樣，不是由子房部分長成的果實，被稱為**假果**。除草莓外，蘋果、梨、菠蘿等都是假果。

不是所有的果實都是由子房長成的。例如這個草莓。

生存的法則就是傳播種子！

　　植物是不能移動的，因此傳播種子十分重要。像櫻桃、葡萄等美味的水果，是通過被動物進食後排出的糞便來傳播種子的；楓葉、蒲公英種子是通過風來吹向遠方的；而生長在水裏的睡蓮，種子上長有氣囊，可以乘着波浪漂向遠處。

如果不睡覺，我們的身體會怎樣呢？

我們的身體在夜晚如果不能好好休息，第二天就會變得很疲累。如果我們經常睡眠不足，免疫力也會下降，血壓會上升，這樣會影響健康，而且集中力和記憶力也會下降。睡眠對兒童尤其重要，所以夜晚一定要睡得好，才能分泌更多生長荷爾蒙，令身體快高長大。記着，小學生每日至少有10至11小時的睡眠時間！

睡得好會怎樣？

個子長得更高，身體更健康。

睡得不好會怎樣？

記憶力下降，更容易生病！

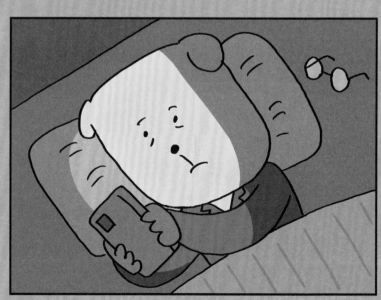

人體由各種負責運動、消化、呼吸、血液循環、排泄、感覺等器官組成。器官是幫我們進行生命活動的身體組成部分，各個器官一起運作就成為系統，令我們的身體健康地運作起來。

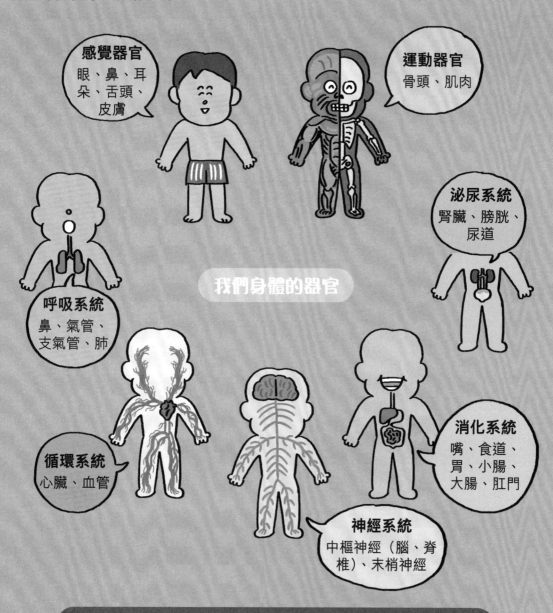

感覺器官
眼、鼻、耳朵、舌頭、皮膚

運動器官
骨頭、肌肉

泌尿系統
腎臟、膀胱、尿道

呼吸系統
鼻、氣管、支氣管、肺

我們身體的器官

循環系統
心臟、血管

神經系統
中樞神經（腦、脊椎）、末梢神經

消化系統
嘴、食道、胃、小腸、大腸、肛門

我們的身體是怎麼生長的？

隨着骨頭變長、變重，組成身體的細胞數量變多，身體就會長大。兒童的骨頭末端有可以合成骨頭的細胞——生長板，作用就像植物的生長素一樣。大腦產生的生長荷爾蒙刺激生長板，骨頭就會生長；當它完全生長後，生長板細胞就會變成堅硬的骨頭。這種現象被稱為「生長板閉合」。

骨頭與肌肉 大人比小孩的骨頭更少？

人類嬰兒出生時，大概有300根骨頭。但是在成長過程中，某些骨頭會合為一體，到成年時，骨頭數量大約剩下206根。例如，嬰兒的頭骨大約有40塊，但成年人則只有29塊。所以，在進行科學鑑證時，單從骨頭數量就可以推測出一個人的年齡。

新生嬰兒的頭骨

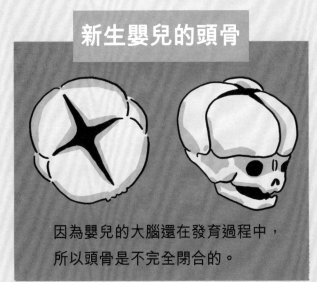

因為嬰兒的大腦還在發育過程中，所以頭骨是不完全閉合的。

為了保護我們大腦，頭骨們辛苦了。

成年人的頭骨

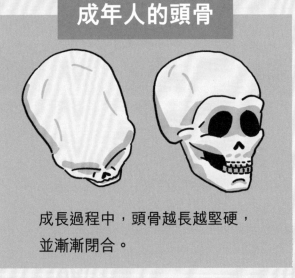

成長過程中，頭骨越長越堅硬，並漸漸閉合。

噹噹

啊呀，因為頭骨閉合了，所以骨頭的數量也減少了！

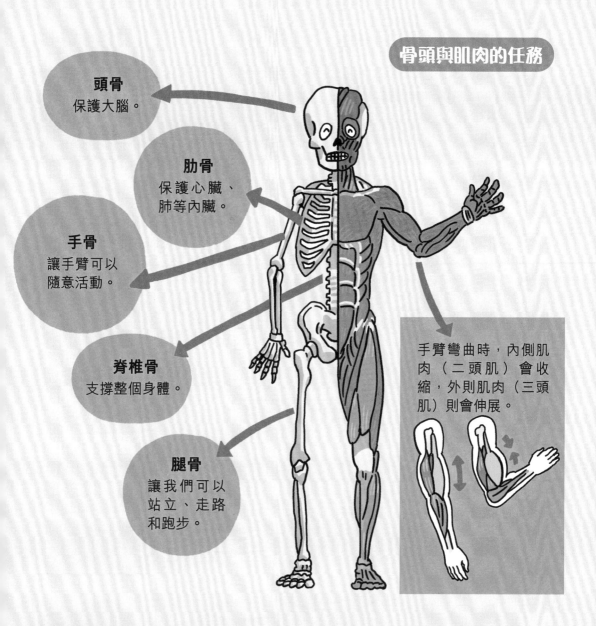

頭骨
保護大腦。

肋骨
保護心臟、
肺等內臟。

手骨
讓手臂可以
隨意活動。

脊椎骨
支撐整個身體。

腿骨
讓我們可以
站立、走路
和跑步。

手臂彎曲時，內側肌
肉（二頭肌）會收
縮，外則肌肉（三頭
肌）則會伸展。

骨頭與肌肉是讓我們身體能站立和活動的運動器官。骨頭既能支撐身體，也保護我們的內臟；肌肉通過伸展或收縮，可以控制骨頭的活動。

最大和最小的骨頭是什麼？

　　最大塊的骨頭是大腿骨，長度約有50厘米長；最小的骨頭是耳朵裏面的鐙骨，長度只有約2毫米，比一粒米還小！那麼，牙齒呢？其實牙齒不是骨頭啊。骨頭如果裂開或折斷，是可以再生長的；但是牙齒裂開後，就不會再生了。

消化

為什麼每次大便形狀都不一樣呢？

因為糞便的形狀和顏色，會隨着人體的健康狀態和消化狀態而改變。健康人體的糞便是軟綿綿和呈香腸狀的；顏色方面，受到膽汁（消化食物的酵素）的影響，糞便一般呈黃褐色。但是，如果出現了健康問題，例如糞便與血液混合了，它就會呈暗紅色；膽汁無法被完全吸收時，糞便就呈綠色；肝臟不好的話，糞便會呈灰色。

有人會這樣仔細研究糞便的形狀嗎？

1997年，英國布里斯托大學有一位肯尼斯·希頓博士，他將糞便形狀分為7大類！

形狀 1
像核桃一樣又硬又圓，排便時較難排出。

形狀 2
像香腸一樣的粗圓柱形，硬度偏硬。

形狀 7
沒有固定形態的稀便。

形狀 3
形狀像香腸，但表面稍微裂開。

形狀 6
非常稀軟，一排出就呈稀碎狀。

形狀 4
形狀像香腸，但是比較綿軟，比較容易排出。

形狀 5
一小團一小團斷開的，很容易排出。

消化是指食物被我們進食後，經過器官分解和吸收的過程。消化完成後的殘留物會變成糞便排出體外。

體內的食物是怎樣被消化的呢？

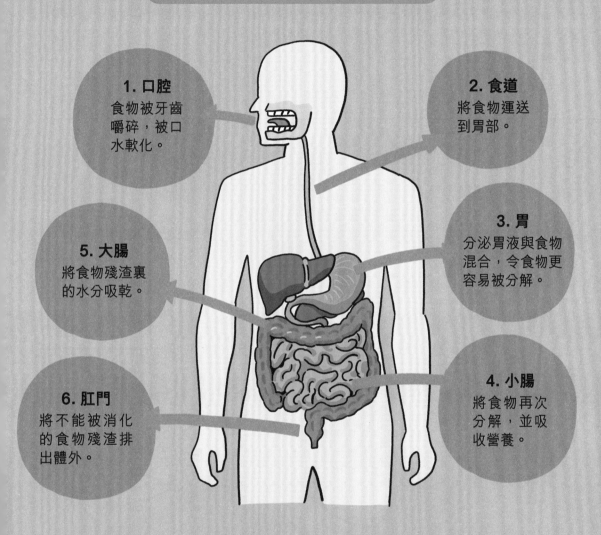

1. 口腔
食物被牙齒嚼碎，被口水軟化。

2. 食道
將食物運送到胃部。

3. 胃
分泌胃液與食物混合，令食物更容易被分解。

5. 大腸
將食物殘渣裏的水分吸乾。

4. 小腸
將食物再次分解，並吸收營養。

6. 肛門
將不能被消化的食物殘渣排出體外。

吃飽後為什麼會打嗝？

進食期間，空氣會跟食物一起被吞進胃裏，當空氣要經過食道排出時，我們就會打嗝。如果我們吸入太多空氣到胃部，又不能打嗝的話，胃部就會膨脹，引起消化不良；吃油分多的食物或者喝碳酸飲料（汽水）時，也會更容易打嗝。

我們吸入灰塵後會怎樣呢？

灰塵是飄浮在空氣中的微小顆粒，因為當中含有有害污染物，所以會影響我們的健康。雖然鼻子裏有鼻毛，可以阻擋部分污染物，但是這些微小顆粒可以衝過鼻毛的阻擋，直達肺部。然後，它們還可以進入血液，走遍全身，引起肝臟、心臟、大腦、腎臟等各種疾病。所以在空氣污染嚴重的日子，一定要戴好口罩，做好防護。

呼吸是指吸入和呼出空氣的過程。呼吸過程中，空氣先進入體內，經處理後再被排出，通過這一過程，身體可以獲取所需的氧氣和排出不需要的二氧化碳。

呼吸是怎麼進行的呢？

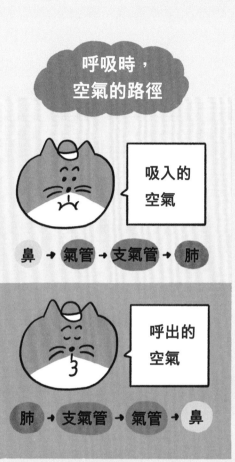

呼吸時，空氣的路徑

吸入的空氣

鼻 → 氣管 → 支氣管 → 肺

呼出的空氣

肺 → 支氣管 → 氣管 → 鼻

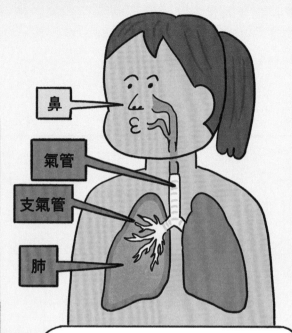

鼻

氣管

支氣管

肺

肺部負責吸收空氣中的氧氣並供給到血液；血液流遍全身的同時，將氧氣運送到各個器官和組織。同時，血液也會將無用的二氧化碳輸送回到肺部，這樣二氧化碳就可以隨着呼氣被排出體外。

為什麼人會打鼻鼾呢？

因為人們睡覺時，呼吸道收窄了，進入體內的空氣與周邊組織產生了振動，形成鼻鼾聲。呼吸道是指從鼻子到支氣管的部分，是呼吸過程中，空氣進入體內的通道。呼吸道收窄的原因有很多種，有的是因為鼻炎和鼻竇炎等引起鼻子內部腫脹、有的是因為肥胖導致頸部脂肪積聚。

手腕處的血管為什麼
會撲通撲通的跳呢？

因為心臟會撲通撲通地跳動，將血液推進血管裏。為了配合心臟跳動的節奏，血管也會不斷擴張和收縮，這個被稱為「脈搏」。如果脈搏變弱或跳動不規律，就代表心臟可能有問題，所以醫生在檢查心臟問題時，會將手搭在手腕內側，來測量脈搏。

讓我們感受到脈搏的血管稱為**動脈**。動脈是血液從心臟流向身體的通道。

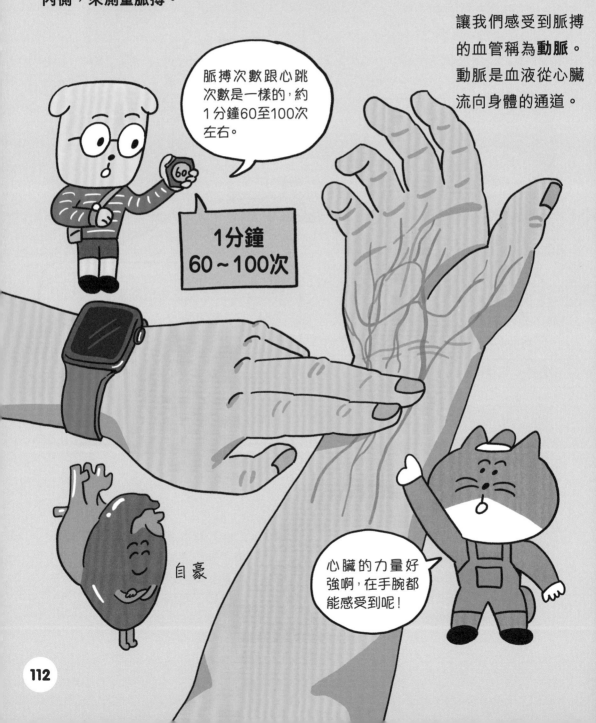

脈搏次數跟心跳次數是一樣的，約1分鐘60至100次左右。

1分鐘
60～100次

自豪

心臟的力量好強啊，在手腕都能感受到呢！

心臟會進行規律性的收縮與擴張，負責給全身輸送血液，是循環系統的器官之一。而血液流通的通路稱為**血管**，血管包圍全身，負責供給養分和氧氣，並將廢棄物質及二氧化碳排出體外。

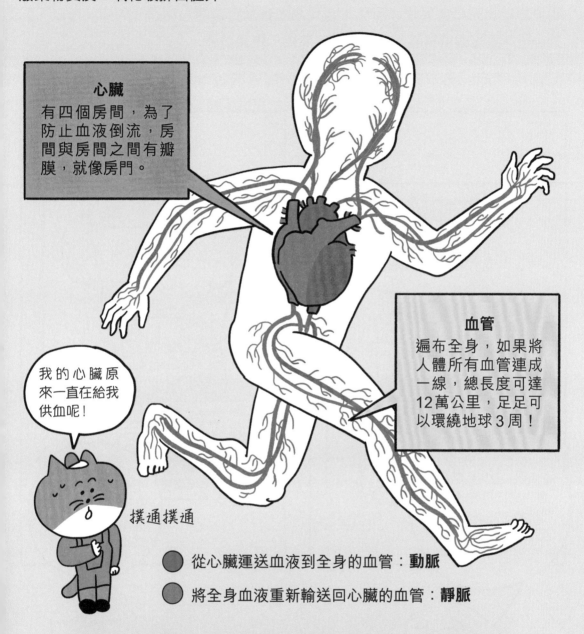

心臟
有四個房間，為了防止血液倒流，房間與房間之間有瓣膜，就像房門。

血管
遍布全身，如果將人體所有血管連成一線，總長度可達12萬公里，足足可以環繞地球3周！

我的心臟原來一直在給我供血呢！

撲通撲通

⬤ 從心臟運送血液到全身的血管：**動脈**

⬤ 將全身血液重新輸送回心臟的血管：**靜脈**

為什麼我跑得越快，心臟跳得越快？

　　這是為了給全身更快地供血，心臟要更努力工作啊。如果我們奔跑時，心臟還是像平時一樣慢慢的跳動，輸送到身體的血液就會不夠用，人會覺得頭暈呢！

排泄

寒冷時小便，為什麼身體會發抖？

尿液是溫熱的，當我們在寒冷時小便，就會感受得到。有時候我們還會發現，尿液出來時會冒煙。可見，其實尿液會帶走身體內的部分熱能，所以，我們小便時身體會顫抖着，為自己補充熱能，恢復體溫。

天氣冷時，小便量也會變多。因為我們身體裏的廢物是通過汗液和尿液排出的，當我們流汗變少時，尿液就會相應變多。

那麼我要多跑步多出汗才行，因為我不喜歡經常去廁所。

排泄是將血液中產生的廢棄物質排出體外的過程。運行全身的血液中，也會積聚廢棄物的，這些物質對人體有害，所以一定要排出，排出方法就是通過小便了！每個人1天約排出1.5至2升的尿液。

廢棄物是怎麼變成尿液排出的？

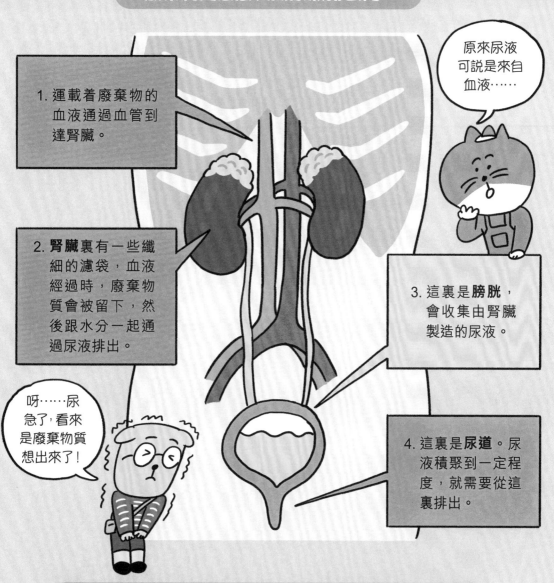

原來尿液可說是來自血液……

1. 運載着廢棄物的血液通過血管到達腎臟。

2. **腎臟**裏有一些纖細的濾袋，血液經過時，廢棄物質會被留下，然後跟水分一起通過尿液排出。

3. 這裏是**膀胱**，會收集由腎臟製造的尿液。

呀……尿急了，看來是廢棄物質想出來了！

4. 這裏是**尿道**。尿液積聚到一定程度，就需要從這裏排出。

從尿液顏色就能判斷健康狀況？

健康良好時，尿液是黃色的，這是由蛋白質消化時產生的黃色尿色素形成的。我們多喝水時，尿液的顏色會更淺；少喝水時，尿液顏色就變深。如果健康出現問題，尿液有可能會變成紅色、綠色或藍色，甚至會產生泡沫。

為什麼吃辣的時候，喝熱水會覺得更辣呢？

因為舌頭上的感覺器官同時也負責感覺熱燙，所以當我們吃又辣又燙的食物時，痛苦是雙倍的！其實，辣味並不是味道，舌頭的味覺器官只能感受甜、酸、苦、鹹、鮮五種味道。而辣味只是通過溫度或痛感形成的痛症，所以不僅舌頭，眼睛和指尖都能感受到「辣」。

原來辣味不是味道，是痛感啊！感覺就跟被灼熱東西燙到時一樣的痛苦！

吃辣時感受到的痛感，跟被攝氏42度以上高溫，或15度以下低溫燙到時相若！

火雞麵

辛辣麵

刺激是指外界對眼、耳、口、鼻、舌頭、皮膚等感覺器官的作用，反應是指受到刺激時，我們身體產生的現象。例如，眼睛看着皮球飛過來時（刺激），我們會躲開（反應）；看到交通燈變綠色時（刺激），我們會過馬路（反應）。

從刺激到反應的過程

1. 感覺器官受到刺激。

嗶～
嗶～

2. 神經系統將刺激傳遞至大腦。

是蚊子的叫聲！

3. 大腦分析刺激，並發出行動指令。

不理牠？　抓住牠？

這個嘛……

4. 神經系統將大腦指令傳遞至運動器官。

抓住牠！

Yes sir !

5. 運動器官實行大腦的指令。

抓住蚊子！

6. 身體做出反應。

啪！

 有一些反應不需要經過大腦

　　哈啾！鼻子吸入灰塵後感到痕癢時，我們就會打噴嚏。其實，當人體受到外界刺激時，打噴嚏的動作跟大腦是無關的，這是一種無意識行為。另外，吃太飽時產生的打嗝、疲勞時產生的呵欠都是無意識行為。

第1學習階段 小一至小三 第2學習階段 小四至小六

教學主題表

可以用作常識科的教材參考啊！

🐹 學習範疇：健康與生活

核心學習元素	奇妙科學研究所 第1冊		奇妙科學研究所 第2冊	
	概念詞	頁碼	概念詞	頁碼
1. 身體不同部分和器官	我們的身體	104		
2. 食物、運動及休息對健康的重要性	睡覺	104		

🐨 學習範疇：人與環境

核心學習元素	奇妙科學研究所 第1冊		奇妙科學研究所 第2冊	
	概念詞	頁碼	概念詞	頁碼
1. 生物的特徵	生物	50		
2. 生物的基本需要及生長過程	動物的一生	54		
	植物的一生	68		
	根	92		
	莖	94		
	葉子與光合作用	96		
	花	100		
	果實與種子	102		
3. 生物的簡單分類	動物與植物	52		
4. 氣候和天氣的轉變及其對日常生活的影響			天氣	88

🐱 學習範疇：日常生活中的科學與科技

核心學習元素	奇妙科學研究所 第1冊		奇妙科學研究所 第2冊	
	概念詞	頁碼	概念詞	頁碼
1. 自然現象			光	32
			影子	34
			天氣	88
			濕度	90
			露與霧	92
			雲、雪和雨	94
			高氣壓和低氣壓	96
			海風和陸風	98

🦇 **學習範疇：日常生活中的科學與科技**

科學詞彙索引

按詞語首字的筆劃排列。

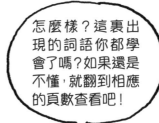

怎麼樣?這裏出現的詞語你都學會了嗎?如果還是不懂,就翻到相應的頁數查看吧!

作者：李淨雅

　　畢業於法國巴黎索邦大學（巴黎第六大學）生命科學專業，隨後於KAIST（韓國科學技術院）獲得科學新聞學碩士學位。她於2008年起入職東亞科學，並擔任《科學東亞》、《兒童科學東亞》的記者，現在是一名專職醫學記者。為了以有趣的方式把科學知識傳遞給孩子們，她編寫了這套《奇妙科學研究所》。同時，她還創作了《夢想得到諾貝爾》系列，並擔任《是夜貓還是貓頭鷹？》、《孩子的第一本科學百科》系列的譯者。

繪圖：羅仁完

　　擅長繪畫可愛的插畫和動畫角色，曾創作並繪畫的作品有《小豬昊羅羅》、《麵包書生與紅豆鐵》、《金槍魚老師的日本語》系列、《金槍魚老師來了》系列。另外，他還繪畫過《小學科學Q6遺傳與血液》、《日本雖然非我所喜，但炸豬排真美味》、《爸爸，一起去韓國歷史旅行吧！》系列等作品。

監製：盧錫九

　　本科畢業於韓國首爾大學化學系，畢業後於同校相繼獲得碩士和博士學位。他曾於韓國教育發展院擔任研究員，現在於京仁教育大學科學系任教。他曾出版《小學科學教學指導案編寫諮詢》、《善用遊戲活躍課堂》等多元化的科學教科書和教學指導書。